重塑人生

<<< 你内在的英雄战无不胜 >>>

李海峰　易仁永澄　橘长△主编

幸福进化俱乐部　师道教育△联合出品

华中科技大学出版社
http://press.hust.edu.cn
中国·武汉

图书在版编目（CIP）数据

重塑人生：你内在的英雄战无不胜/李海峰，易仁永澄，橘长主编. —武汉：华中科技大学出版社，2023.11

ISBN 978-7-5772-0121-4

Ⅰ.①重… Ⅱ.①李… ②易… ③橘… Ⅲ.①人生哲学-通俗读物 Ⅳ.①B821-49

中国国家版本馆 CIP 数据核字(2023)第 193194 号

重塑人生：你内在的英雄战无不胜　　　　　　　　　李海峰　易仁永澄　橘长　主编
Chongsu Rensheng:Ni Neizai de Yingxiong Zhanwubusheng

策划编辑：沈　柳
责任编辑：沈　柳
封面设计：琥珀视觉
责任校对：王亚钦
责任监印：朱　玢

出版发行：华中科技大学出版社（中国·武汉）　　电话：(027)81321913
　　　　　武汉市东湖新技术开发区华工科技园　　邮编：430223
录　　排：武汉蓝色匠心图文设计有限公司
印　　刷：湖北新华印务有限公司
开　　本：880mm×1230mm　1/32
印　　张：7.75
字　　数：153 千字
版　　次：2023 年 11 月第 1 版第 1 次印刷
定　　价：50.00 元

本书若有印装质量问题，请向出版社营销中心调换
全国免费服务热线：400-6679-118　　竭诚为您服务
版权所有　侵权必究

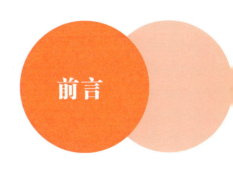

前言

人生如旅。有时,我们会迷失方向,感到茫然无措。

但即使在最黑暗的时刻,也请记得,你始终拥有重塑人生的力量。

这本书的作者,是一群活成光的人,他们在书里为大家展示如何重塑人生。

重塑人生,重新审视自己的人生轨迹,找到自己真正想要的方向,不被外界声音左右,有勇气坚持自己的梦想和信念。

重塑人生,保持好奇心,找到真正的热爱,可抵岁月漫长,可挡艰难时光。每次挫折都是一次锻炼,每次失败都是一种经验。

重塑人生,懂得感恩,珍惜每时每刻。你知道自己不是一座孤岛,你永远能和外部联结,你有着滋养自己的支持系统。

重塑人生,就是能不断学习、不断成长,持续发现、持续迭代。你总能与时俱进,能让自己更加强大。你有提升自我的能力。

如果以上的描述让你觉得不够具象,那么我聊聊与本书相关的3个人。

首先是本书的另外2位编辑。

第1个是易仁永澄。这本书的绝大多数作者都来自易仁永澄老师的幸福进化俱乐部。永澄老师是个身高188cm的大高个,而且有强劲的臂弯。很多次聚会的保留节目是无论男生还是女生,见到永澄老师,就让他"公主抱",很多人都记得被永澄老师托举的感觉。

我和易仁永澄更深入的互动,发生在DISC+社群成立8周年时,他作为学长,也作为资深的教练,通过和我对话,梳理DISC+社群以及我的底层逻辑。我们对话了10个小时以上,那种被人看见、被人懂得、被人启发、被人赋能的感觉,没有经历过的人无法了解。

第2个是橘长。她的名字的由来是她养的橘猫。橘长厦大本科毕业,算是一个"学霸",4年学了3个专业。此外,她担任四个学生社团副部长以上的职位,还是业余体育选手,在美美的大学谈了4年美美的恋爱。

我和橘长的第 1 次见面是在 DISC 课堂，第 2 次见面是因为她参与创建的广州师道的平台。在这个平台里，她从员工快速成长为老板。这个平台把很多好的老师的线下课搬到线上。见第 2 次面，我就变成了师道的股东，橘长是我入股这家公司的重要原因。

聊完这 2 位后，我要聊的第 3 位是我们合集的作者之一，和这 2 位都非常熟悉，他是周育薪老师。从某种程度上说，如果没有育薪老师张罗，很可能没有这本书。周育薪，教书育人，薪火相传。你见过他一次，就很难不留下印象。

育薪老师是易仁永澄老师的业务伙伴，也是师道的股东。最多的时候，他同时担任 4 家公司的 CEO，他是个"效率控"，理性直男，小学是奥数冠军。他现在做企业辅导，尤为擅长任务目标达成和年度目标拆解。

看到这里，我想各位读者已经对他们 3 位很感兴趣了，我要恭喜你们，在这本书里，你不仅可以看到这 3 位的故事，你还可以看到另外 26 位作者的分享。我把他们的二维码都放在文章里，大家可以直接加他们为好友。

我在听到别人的赞美的时候，最常说的一句话是："你们赞美我的，你们都拥有。"一方面，这句话让我坦然接受别人给予的正反馈；另外一方面，也是对别人的赋能。事实也是如此，你只有聪明，才看得出我的聪明；你只有善良，才能体会到我的善良。

希望大家在阅读这本书时，也会有这种体验。带着发现和欣赏的眼光，看看这 29 位伙伴的分享，你也会充满力量。

永远记得，即使在最黑暗的时候，我们也有能力重塑人生。

永远记得，世界和我爱着你。

李海峰

2023 年 9 月 8 日

目录

第一章 奔赴未来

值得活的人生　　/易仁永澄 /2
带你重回增长的快车道　　/周育薪 /10
此生愿做摆渡人　　/橘长 /16

第二章 看见转机

坐火箭式的成长，翻天覆地的变化　　/小明 /23
为你的操作系统打造扎实的基础　　/大起 /33
爱学习，爱自己，爱世界　　/李晔 /42
嘴角上扬，原来毫不费力　　/徐铱铱 /50
人生的转折从遇见教练开始　　/白新宇 /57
乖乖女变身记　　/赵佳 /63

第三章 学会成长

生命平衡的新坐标：爱与成长　　/黎阳 /73

带着相信，奔向阳光　　/ Joy / 80
藏在转角的珍宝——重塑人生的3个故事　　/ 三睡 / 86
全职宝妈热爱变现　　/ 阿凤 / 96
从旧模式中毕业，做关系中的大人　　/ 周佳 / 104

第四章　突破困境

从心出发，用教练突破人生的困境　　/ 简一 / 114
凌晨5点的守艺人　　/ 宫晓Mina / 123
活出自我　　/ 丽珺 / 131
做自己，比接纳别人更重要　　/ 李心釉 / 140
向幸福出发　　/ 默契 / 147

第五章　幸福密码

我内在的英雄战无不胜　　/ 刘锐 / 159
我讨厌这种说法："孩子出现问题是家长的问题。"／胡睿斌（做个睿爸）/ 165
教练，让生命绽放　　/ Sunshine婵鸣 / 173
生命的觉醒——我与自己的重逢之旅　　/ 慧峰 / 181
不惑之年，不惑之心　　/ Blinker / 188

第六章　生命绽放

什么拯救了我，我就用它来拯救世界　　/ 璇子 / 197
开启更有觉知的生命旅程　　/ 苏晓玲 / 201
我的教练连续剧　　/ 林木 / 207
教练让你的未来，现在就来　　/ 未来 / 214
是谁创造了你的幸福与不幸　　/ 孙佳鸣 / 219
从抑郁症患者到心理咨询师，我疗愈了自己，也帮助了孩子／杨凌剑 / 230

第一章
奔赴未来

易仁永澄

个人成长教练品牌课、幸福进化俱乐部创始人,从事个人成长、心智教育18年

值得活的人生

总是听到有人说:"如果做一件事情的时间超过10年,说明这个人一定有信仰。"我从事个人成长、心智教育这件事已经18年了,我也是有自己的信仰的吧。

近日,我带领公司的同事们开了一场庆功会,庆祝我们完成了2023年上半年的招生目标。在经济尚未完全恢复、人们依然谨慎消费的今天,让学员决定花几万元参加网络课程,是一件极不容易的事情。而我们在这样的情况下,让招生人数较上一期提升了1.5倍。

在庆功会上，我问大家一个问题："我们这一次招生成功有多个原因，其中最关键的那一个，你认为是什么？"七嘴八舌之后，我们统一认为成功的原因是好人有好报。听上去很奇怪，但细想还真是这样，我们是一个用心做事的团队，生产出了很好的产品，自然会有人愿意购买。

近5年来，我们一直在从事个人成长教练的专业技术培训工作，培养了400多名专业的个人成长教练。由于个人成长教练的体系非常完善，再加上我们用心服务，学员在学习的过程中，就会把这套体系应用到自己的学习、工作、生活中，会给他们带来很大的改变。

同时，也会有一部分学员完成课程后，由于缺乏应用的环境、缺乏持续督进，很有可能就把所学的东西扔到一边，不再使用。每当我听说这种情况，我就会感到很痛心。

我总是想起2006年2月，那时我在南京传媒学院当老师，学校组织艺术考试招生，我负责艺考生的报名与收费。有一个妈妈给孩子交报名费，她从口袋里拿出17张人民币，有50元的、有10元的，还有一些硬币，好不容易凑齐了200元的报名费。这个场景一直触动着我。

我想，那些没有把所学的内容用起来的学员，其实也希望自己能和同学一样，把自己学到的知识派上用场啊！为了支持这些学员，2022年5月，我把我们的教学内容量直接翻了四倍，除了讲授专业教练知识外，还增加了教练应用模块、内功训练模块、个人商业化模块、活现教练状态模块等。

同事们对我的决定表示不理解，大家都建议我一点点地调整，把每个模块做好了再公布。经过反复的讨论，最后我还是说服了大家，理由只有一个：将心比心，如果你是学员，你希望课程提供方用什么样的态度和方式对待自己？

增加了课程的内容后，所有往届的学员均可以免费学习我们新增的内容。学员们非常满意，同时我们的成本激增，相当于我们要给200多名学员提供免费的教学服务。这种事情在任何一个地方都是难以见到的，没有任何一个教育机构新增了内容却不收费，也没有对过往的所有学员免费开放新增内容的先例。

我们就是这个先例。在这一年的时间里，我们顶住了开发内容、打磨机制、服务学员等多方面的压力，耐心地把自己的承诺兑现。与此同时，学员们在了解了我们的决定后，给予了我们充分的理解和支持。

孔子说："近者悦，远者来。"我们的好心就是认真地把身边的人照顾好，而我们的好报就是有更多的人慕名而来。

我们教授个人成长、心智发展的相关课程，组织各类成长活动已经有17个年头了，类似这种对学员百倍好的故事有很多。除了"近悦远来"的感悟之外，我还在思考一个问题——"人为什么要成长？"

这么多年来,很多人跟我说:"个人成长是一个很大的话题,用户很难理解你在做什么!"我一直被这个问题困扰,直到有一天,我的老师郭腾尹告诉我,在天津大悲禅院的匾额上有这样一句话:"来此作甚",他解读道:"每个人来到这个世界上,你做什么是有价值的?你要怎么活,才觉得不虚此行?你要怎么活,才能满载而归?"

大悲禅院的匾额

老师的指引,让我找到了答案:**"个人成长的目的就是要活出一个值得拥有的人生!"**

什么是值得拥有的人生?好问题可以引领生命的方向,当我不断询问自己这个问题的时候,答案逐渐在我的内心成型:

我觉得值得活的人生,一定要做让自己心安的事情;一定要活出真实、鲜活、自在、坚定的自己，享受人生的每一个瞬间；一定要做好自己的本分，当老师就是要做好传道、授业、解惑的工作；一定要积极创造，实现人生的目标；一定要时刻感受幸福和美好……

正是这些答案的不断累积，让我在决定的时刻有了非常简单且直接的决策依据——感觉。如果我感觉这件事值得我做，那我就去做，我不在意短期的成本；如果我觉得这件事不值得我做，那么即便有收益，我也不会投入。

还是以我们免费增加教学内容这件事为例，我内心的直觉告诉我：一定要把我们最近总结出来的东西教给学员，不要收取学员的费用！当年，在我们的公司发展得不如今天的时候，他们陪在我们身边，一点点地支持我们成长。今天我们越来越好了，却没有给他们回报的话，我觉得这件事说不过去。

我不讲什么大道理，与人为善就是我最朴素的想法，我做出决定的方式就是感受内心，问问内心觉得值不值得？我能够感受到贡献、能感受到被关爱和幸福、能够感受到滋养，即便可能会失去二三百万元的营收，那又如何？每当我想起这件事的时候，我的内心是有底气的、腰杆是硬的、力量是无穷的，这是一笔巨大的人生财富！这就是我认为值得活的人生！

当老师这么多年来，我影响过近千万人，辅导过上万名学员，他们都向我表达内心的谢意，但是我觉得应该感恩的人是我,我只是做好了本分,我只是在活出我自己值得拥有的人生状态,却被他人感谢。

我很期待能够用这样的人生状态影响更多人,我给自己设定了一个目标——影响150万人活出值得他们拥有的人生,这个人数大约是百分之一的中国人。想想看,如果百分之一的中国人因为我的影响而活出自己认为值得拥有的人生,那该是多么美好的画面啊!

我希望搭建一个系统来实现这个目标,这个系统分为四大模块。

第一模块,清晰。清晰模块要解决一个问题,就是不断回答:"什么是我值得拥有的人生?"再积累自己的答案。有了清晰模块,人们就会找到自己的内生动力,再积极地奔向未来。

第二模块,主理。每个人都是自己人生的主理人,我要不断提醒更多的伙伴,从无意识的生活中觉醒,活出自己想要的人生。在这里,我会把自己在助人成事(目标制订与达成)领域中积累的经验打包成一个个流程和工具包,帮助每个主理人耐心地描绘出自己渴望的、美好的、幸福的生活状态。

第三模块,影响。想要影响150万人活出值得他们拥有的人生,只靠我一个人是不够的,我需要更多的人参与这份事业——用心地活出自己想要的、值得的人生,并且鼓励、激发、支持他人也活出这样的人生状态。我希望每个人都能把这种理念、方法传递给三个人，那么 150 万人的目标就会慢慢实现。

第四模块，幸福。我的愿景是影响 150 万人活出值得他们拥有的人生，而我的使命是创造川流不息的幸福。川流不息，包括自己和自己、自己和他人、现在和未来的流动，我希望影响自己和身边的人拥有立体的、流动的、川流不息的幸福感，这样才是值得拥有的一生。

我会从两个方向入手：

第一，我的传统技能——支持人的内在发展。让更多人看到自己的内心是充满力量的，可以活出自己认为值得拥有的人生。我还会提供各种必备的能力体系，例如生产力、学习力、创造力、领导力的训练支持，以及提供各个领域的实践环境，这样大家就会始终在活出幸福人生状态的路上，有各种得心应手的工具。

第二，加强家庭的力量。中国古话说得好，"家和万事兴"，促进学员整个家庭的发展。我会从家训入手，带领一个个家庭建立家庭精神世界；从家庭会议入手，重新打造良好的家庭协同关系；从家庭目标入手，让整个家庭向着同样的目标前行。用精神、目标、协同来促进家庭的整体发展。

想想这样一个场景：因为我们，更多人的状态在不断地变好，更愿意去追求自己渴望的人生，不断取得成果，感受幸福；同时，他们的家庭也变得越来越幸福，给自己带来源源不断的力量。

当我看到150万张满足的笑脸的时刻,我想自己就为"来此作甚"这个问题提交了一份不虚此行、满载而归的答卷!

"万里归来颜愈少,微笑,笑时犹带岭梅香。试问岭南应不好,却道:此心安处是吾乡。"心是最好的福田,心是最好的风水,境由心转、相由心生,决心活出值得自己拥有的人生是让我心安的原因。让更多人感受到心安的力量,是我持续行动的理由。

希望看到这篇文章的你,问问自己:"什么是我认为值得拥有的人生?"并且开始迈向这样的人生。希望我们能够在不远的未来相遇,彼此欢喜庆贺这美好的人生状态。

你内在的英雄战无不胜

周育薪

中小企业管理顾问
CEO教练
师道教育创始人
《重塑商业新生态》《破局盈利》
《电商团队管理》等畅销书的作者

带你重回增长的快车道

我是周育薪,一位中小企业管理顾问和CEO教练,拥有丰富的企业管理经验,最多曾同时担任四家公司的总经理,在实践中获得了宝贵的经验。

作为一家国内知名快消品牌的电商总监,我曾带领电商团队获得淘宝三大类目销量第一名,带领团队获得沃尔玛最快进步供应商奖,在聚划算担任单日销售300吨洗衣液和单日销售过亿项目的负责人,出版了畅销书《破局盈利:企业如何在逆境中增长》等。

为什么我想成为 CEO 教练？这源于几年前我协助一家中小企业进行管理辅导的经历。这是让我记忆最深刻的一次经历，我从上午八九点开始和他们开会，一直持续到晚上十一点，中间几乎没有休息。创业者夫妇有两个女儿，大女儿 11 岁，小女儿 4 岁。由于开会一直持续到晚上，小女儿晚上九点就被保姆带回家睡觉，而大女儿不得不跟着父母参加会议，直到凌晨才能回家睡觉。

当我询问这样的情况是否经常出现时？他们说是的。这给我带来很大的触动，因为我意识到他们开了一整天的会议，可会议的效率极低。我开始思考，为什么会议效率如此低下？是因为与会者缺乏专业知识，无法理解讨论的内容吗？还是因为会议负责人没有很好地组织和引导讨论？

经过一番调查和分析，我发现了一个重要的问题：会议太过冗长。与会者们在会议中不断重复相同的观点，而且有时候讨论重点甚至会离题万里，这导致了许多时间被浪费在无意义的讨论上。

另外一个问题是没有明确的会议议程和目标。有些会议没有事先制定明确的议程和目标，或者负责人没有清晰地将它们传达给与会者们，这导致与会者们不知道自己需要准备什么、需要关注哪些方面、需要做出什么样的贡献等等。

最后一个问题是缺乏有效的沟通方式。一些与会者可能不善于表达自己的观点或听取他人意见，或者他们可能对某些话题感到不舒服或敏感。在这种情况下，他们就很难积极参与到讨论中。

很多公司都存在这样的问题，如果能正确掌握开会方法和管理技巧，会极大地提高会议效率和企业管理效率，家庭与事业就不会如此难以平衡。中小企业在中国40年改革开放的红利下起步，但管理上非常粗放，我意识到自己可以在企业管理上给予他人极大的帮助，所以决定全身心地投入中小企业CEO教练事业中，帮助创业者提高管理效率。

通过近10年来辅导中小企业的创业者，我发现他们最大的问题在于难以诊断。企业的"病症"，就像人患上疾病会有症状一样，通过求医确诊后，医生才能开出正确的药方。中小企业也会有各种症状，如业绩下滑、人员流失、利润下降等，但是这些"症状"背后的病因往往难以发现，要么自己诊断，要么找"卖药者"诊断。

市面上有许多管理工具、战略、组织变革等"良药"，但这些"药"是否适合中小企业当下的症状，鲜有人关注。如果盲目使用，往往花费了大量时间、精力和资金，却得不到效果。

企业老板遇到问题，通常只有以下几种诊断方法：

第一种，自我对比，但过去的经验往往是现在失败的原因。如果过去的经验奏效，问题就不会出现。

第二种，找行业标杆，但是适合朋友或大公司的方法，不一定适合中小企业。

第三种，找"卖药者"，像咨询或培训公司，但它们主要销售某类产品，会将产品吹嘘为万能良药。老板听起来可能很兴奋，觉得某种产品可以解决所有问题，却未全面考虑，导致诊断失误或决策失误，浪费大量时间、精力和资金。

之前，有位老板要我讲授关于沟通的课程，我说没问题，我很擅长这块，我进一步询问："请我讲授沟通课程的原因是企业遇到了什么问题吗？"

他说他有一个电商公司，时常出现爆款商品，销量猛增，大家理应很高兴，但仓库部门不开心，因为爆款意味着要加班，所以常常出现运营部和仓库部的矛盾。这位老板将此归咎为沟通问题，但实际上是运营部门销量预测能力不足的问题，矛盾仅靠沟通无法解决，最多只能在表面进行"沟通"。

这位老板的观点引起了我对电商运营问题的关注。电商平台的成功与否不仅仅取决于销售额和利润，更重要的是平台内部各个部门之间的协作和沟通，而销量预测能力是电商运营中至关重要的一环。

准确地预测销量可以帮助企业做好备货工作，避免出现了爆款商品但该商品缺货或库存积压，还可以帮助企业制订合理的促销策略和价格策略，从而提高销售额和利润。

然而，在实际操作中，很多电商企业没有重视销量预测这一环节。它们大多数只是简单地根据历史数据或市场趋势进行估算，并没有考虑具体产品的特性、竞争对手的情况等因素。这样做往往会导致预测数据与实际数据差异较大，进而影响到仓库部门、物流部门等其他相关部门的正常工作。

因此，我为这家企业开的"处方"是加强对运营部门销量预测能力的培训，通过建立数据分析团队、采用先进的数据挖掘技术等方式来提高销量预测的准确度，然后才是加强各个部门之间的沟通和协作，建立有效的信息共享机制，从而更好地解决矛盾和问题。

还有一次，一位老板要我设计股权，但这家小企业的人数不多，我疑惑为何要设计股权。原来，他创业十年，发现跟随他七八年的老员工陆续离职。我询问他到底是要我设计股权，还是要解决老员工离职的问题。他一想，原来他判断错了，把股权当成治病药方，没有想清楚病症及病因。

老板们常常会把股权当成解决企业问题的万能药方，但实际上，股权并不是所有企业都需要的。有些小企业人数不多，员工之间关系紧密，没有必要设计股权；而对于那些已经有多年历史，却频繁出现员工离职的企业来说，它们需要的并不是股权设计，而是找到员工离职的原因。

在这个过程中，我需要和老板一起分析员工离职的原因，也许是薪资待遇不够好、缺乏晋升机会、工作环境不佳等。只有了解了这些问题，才能找到解决办法。例如，在薪资待遇方面，可以通过优化薪酬体系、提高绩效考核标准等方式留住优秀员工；在缺乏晋升机会方面，则可以加强内部培训和优化晋升机制；在工作环境不佳方面，则可以改善办公环境、加强团队建设等。只有真正了解了企业内部存在的问题，并有针对性地开出"药方"，才能够使企业稳步发展壮大。

我希望自己能为中小企业进行正确地诊断，让它们不再浪费金钱和时间，少走弯路，重回增长的快车道！

我相信，一位优秀的 CEO 教练应具备的关键能力之一就是精准的企业管理诊断能力，而这需要丰富的实战经验与案例作为支撑。这也是我投身 CEO 教练行业的初衷和优势，希望通过我的经验和努力，帮助更多企业避开管理误区，找到发展方向。

橘长

心理学千万级知识付费操盘手
擅长线下、线上课程联动运营
爱瑜伽、摄影、跆拳道、钢琴的
"斜杠青年"

此生愿做摆渡人

曾经的好学生，由竞争和恐惧驱动

我曾经是一个好学生。学习成绩优异，体育成绩也好，几乎没有偏科，所有的科目一直都是班级甚至年级的前几名。我在学校里也有点名气，从老师到教导主任，基本上都认识我。我是父母的骄傲，是叔叔阿姨嘴里的"别人家的孩子"。

我骄傲吗？骄傲。我觉得自己脑子还不错，也挺努力的。我把自己研究得很透彻，比如，我研究出了一套非常适合自己的"如何身心愉悦地学我不喜欢的科目"方法。

直到我进入了大学，当我第一次不以考试成绩和年级排名为目标的时候，我迷茫了。

我是谁？

我想要什么？

我希望怎样过自己的人生？

……

这些在过去的 18 年我一直都认为是"虚头巴脑"的哲学问题现在在我脑袋里不断地冒出来，不断地冒，但我没有答案，甚至连一个方向都没有。

那时，我才发现，原来在过去这么长的时间里，我的动力来源不是对自己想要的美好事物的向往，而是激烈的竞争和恐惧。

对我来说，比诋毁、谩骂更不能让人接受的事情是嘲笑，比孤独、走夜路更让人恐惧的事情是"我比你差"。

我高中时，有个隔壁班的同学跟我说："你们班的小陈说你的学习成绩只是'还行吧'。真的是这样吗？你最近不好好学习了吗？"我听了以后，内心波动很大，暗暗发誓一定要把这个小陈的排名给挤下去，内心只有一个念头：我不能比这种鄙视我的人差。

看到这里，也许你会觉得我实在是太过于小题大做了。人家也没有说我不好，可当时的我就会解读成：他看不起我，那么他"死"定了。于是，我就是靠着这样的态度和信念成为"别人家的孩子"。

优秀背后的动力，是被看扁后的愤怒，是担心排名下降的恐惧。

一次让坚硬的心柔软下来的邂逅

进入大学后，我在本科4年的时间里学了3个专业，专业横跨理工科、文科、商科，做了4份学生工作，从跆拳道协会的宣传部部长到英语演讲协会的副主席。

因为太迷茫了，我期待我可以通过积累更丰富的经验、吸收更多的知识来找到自己的方向，但未来究竟要去往何方，我心里没底。

一次很偶然的机会让我遇到了系统整合这个领域，也有了与对这个领域有很深研究的老师——郑立峰的相遇。

我深深地记得，在深圳与他吃饭的那个晚上，我正要与他碰杯，他看着我，突然说了一句："你可以为你自己活一次吗？"

"你可以为你自己活一次吗？"

我的笑在脸上僵住了，一种强大的悲伤从内心涌现。在大家觥筹交错间，我竟然控制不住地哭了，眼泪止不住地流。一语中的，原来我一直找不到自己迷茫的核心原因，就是我一直活在别人的期待中，从没有为自己而活。

这句话敲碎了我过往建立的三观，我开始重塑我的人生。我问自己：

1. 当我为自己活的时候，我可以是谁？
2. 当我为自己活的时候，我要活成什么样子？
3. 当我为自己活的时候，我希望拥有什么样的生活？

我开始旅游，用脚步丈量世界。在昆明滇池喂白鸽，环新疆自驾并拍公路大片，坐重庆的轻轨穿楼而过，在马来西亚的原始森林里徒步，在庐山顶上看日出。

我开始对各类事物发自内心地好奇。我捡起了钢琴，考了瑜伽教练证，学中华传统文化。

我开始突破自己，去做不擅长的事情。主动破冰，主动谈商务，主动做公众演讲，主动连接这个世界。

我在一张纸上写下我希望我这一生是什么样子的，分享给大家。

1. 周游世界。和来自不同国家、不同文化背景的人交朋友，碰撞出不同的火花。
2. 让父母老有所依，安居乐业。
3. 有幸福的家庭。有一块可以种菜、种花、晒太阳的土地，亲近大自然、感受大自然。

4. 保持身心健康。

5. 做公益，身体力行，用生命影响生命。给人信心、给人希望、给人方便、给人欢喜。

6. 探索宇宙的规律、奥秘。学习中华传统文化，了解历史。

以上是1.0版本的，也许以后会因为阅历的变化而变化。

有了这张纸。当我为某个业务而焦头烂额的时候，当我被某个人气得怒不可遏的时候，当我感觉很沮丧的时候，我都会看看这张纸，我现在关注的事情符合上面任何一条吗？

每每一比对，所有的情绪就都消散了。我的人生不再需要由竞争和恐惧驱动，而是由美好愿景和一颗日日活在当下的心去驱动。

我建议每一个读到这篇文章的人，空出一段时间，找个安静的环境，静下心来问自己究竟想要成为一个什么样的人，把愿景一条一条写下来，贴在显眼的地方，日日给自己正向的能量。

做一个摆渡人

在人生的道路上，我很幸运地遇到了很多好老师和贵人，一路为我"传道、授业、解惑"。我也希望自己能做一个摆渡人，把需要帮助的伙伴引到这些好老师和贵人面前，希望他们的学问可以帮助更多人。

因此，我们创立了一个平台——广州师道，利用互联网把这些老师的线下课程搬到了线上，让大家突破地理位置、时间的局限去学习，让老师们传播的学问有更大更广的受众面。

同时，我现在也致力于赋能老师们，让老师们了解如何用最少的时间让更多的学员获益，让他们活出自己、活出绽放的人生。

用生命影响生命，这是我想要过的人生。

第二章
看见转机

小明

自主型学习提分顾问
幸福家庭成长陪跑教练
个人成长教练品牌课联合创始人

坐火箭式的成长,翻天覆地的变化

你好,我是鸣小明,大家都喜欢叫我小明,真诚做人、踏实做事的小明。

特别感谢易仁永澄老师、周育薪老师和李海峰老师,让我有了这次写书、出书的机会,让我可以以这种方式分享我的成长心得:

从焦虑迷茫到自我成长,到暴脾气老公变暖男,到儿子从年级第300多名逆袭至第21名,到用稳定的状态和丰富的经验支持、成就他人,到用做善事、积福德的大爱温暖社会、照亮世界。

2023年6月初，我做了个人成长教练第10期的项目组的结项汇报。

这是我第五次做带组助教，其间，我支持了18位学员共200余场的练习，支持了25位学员的25场考核。在他们练习的时候，我进行督促和反馈，支持了他们的内在成长。

一提到内在成长，很多人都会觉得很虚，看不见、抓不着。

但人们遇到的问题往往都是内在的，比如，孩子起床晚了，磨磨蹭蹭的，你就生气了，开始发脾气，对孩子说话的态度和语言都带着指责、训斥。这时候，孩子往往会出现两种情况：一种是默不作声，承受你的怒气；另一种是叛逆对抗、顶嘴、发脾气。看，整个场面就开始失控了，而这一切都源自你内在的不稳定、不强大。

那内在稳定的人会是什么样子的呢？

回到上面的场景，孩子起床晚了，磨磨蹭蹭的，你会第一时间了解孩子为什么起床晚了？为什么会磨蹭？接着面对当下的这个情况，要怎样处理？安抚孩子的情绪，说明出发的时间、早上要做的事情。如果孩子想在早上解决导致他起床晚了的问题，那就要接受上学迟到的后果；如果孩子情绪被安抚住了，就可以先上学，等晚上放学后再来解决问题。看，没有失控的场面，没有鸡飞狗跳，有的是更融洽的亲子关系。这就是内在稳定所带来的结果。

曾经，我一度迷茫、焦虑。

2016年，生完二宝后，我就从工作了12年的IT公司辞职了。那个时候，我不知道自己想要什么，也不知道该怎样努力，觉得每天上班看到的都是眼前重复的、烦琐的工作。每天的内耗越来越多，生活充满了迷茫。

当我在广场遛娃的时候，我发现带娃的好多都是孩子的奶奶、姥姥，也有一部分是孩子的妈妈。她们在一起，除了讨论娃的吃穿住用外，还谈论家长里短。

我不喜欢这样，这不是我想要的生活方式。

我不能让我的后半生只围着孩子转，失去自己的生活。

于是，我开始读书，家庭教育类的、自我成长类的。我开始在网上买课，不同领域的课。我开始听书，在得到、樊登读书会听书。我参加各种社群，参与运营带组，参与点评，参与制作海报，我有意识地不断提升自己。

我想要抓住所有，却发现什么都抓不住。

直到2020年7月，我跟着永澄老师开启了个人成长教练之旅，从此一发不可收，我的一切都开始发生改变，它如今已经成了我的事业。

下面，我就从几个方面谈谈我的改变。

个人成长

在 3 年前,我是一个内向、木讷的人,用现在的话来说,就是"社恐"。当遇到一大群人的时候,我不知道该怎么走过去,内心莫名地感到紧张、害怕;在参加社群活动的时候,虽然已经鼓起勇气了,但还是不敢发言,特别拘束,大脑里也没有什么能够表达出来的想法,尴尬却又难以改变。

记得在我和同一个小组的另外两个伙伴做对话练习的那段日子里,我都是特意搬个小桌子放在沙发上,把自己关在沙发的角落里。每次一想到要视频沟通,就要提前半个多小时在那不停地准备。

再看现在,我是一个可以随时打开摄像头的人,我是一个可以随时发言的人,我是一个有亲和力的人,我是一个状态极其稳定的教练,我是一个可以用我的稳定状态影响他人的人,我是一个有着上百次督导反馈经验的教练。我可以大方地主持会议,我可以很自信地分享经验。

我跟邻居们相处得很好。不管是什么样的场合,我知道,我就是我,我超级喜欢我自己。

我现在不仅是一名个人成长型教练,还是一名家庭成长型教练、支持学习提分型教练。我今年还考取了初中心理健康教育的教师资格证。

我简单，持续，平和，稳定。

家庭亲密关系

我经常说我的暴脾气老公变成了贴心暖男。

在生完二宝后，我想我应该是产后抑郁了，但没有及时发现。因为我辞职了，老公的压力就大了。当时，他的事业正处于刚刚起步的阶段，在外忙了一天，回到家里很疲惫，我们的状态就是一点小事都能吵得"爆炸"。三天一大吵，两天一小吵，开心的时候越来越少，终于有一次，我承受不住了，我都把小红本本拿出来了，真的不想过了，太累了。

我们都冷静了一段时间。虽然日子照旧过，但彼此的话都不多。

还好我不断地探索内在，不断地自我成长。

再看现在，我过生日，他发红包；3月8日，他发红包；5月20日，他发红包；母亲节，他带一家人出去聚餐。凡到节日，必有仪式感。早起的他，会在出发前把放在后楼充电的电动车推到前面来，为了我早上送娃时可以节省时间。只要他在，从来不用我开车。当我生病时，一天忙得没有吃饭的他回到家里，先给我熬了小米粥，然后带着两个孩子吃饭，陪他们学习……在生活的一点一滴中，肉眼可见的变化时刻在发生。

亲子关系

我家的两个娃年龄差距4岁半。儿子上小学的时候,闺女还很小。

还记得我在开篇的时候描述的场景吗?

这是一个真实的情况。儿子在上小学一二年级的时候,每天起床都很晚,然后还慢腾腾地穿衣服,慢腾腾地上厕所,慢腾腾地洗漱,慢腾腾地吃饭。因为我要在家带二宝,我老公每天送大宝的时候都在催。有时候,孩子正在吃早饭,他急眼了,把孩子训斥一顿,孩子吃着饭就哭了。你说这饭还能继续吃吗?不吃吧,孩子要坚持一上午,才能到午饭时间,于是我就帮孩子扛住了所有的压力,默默地跟孩子站在了一边。

我和孩子无话不谈,我从不摆家长的架子,孩子也不用伪装乖巧,我们在一起时总是开开心心、打打闹闹的。

突然,在三年级的某一天,儿子早早地起床,迅速地穿衣、洗漱、吃饭,然后换好鞋子,站在门口等爸爸。从那之后,他再也没有晚起过,没有被催过。

我和两个孩子之间的关系,就是这样一天天地在加固。

现在,孩子的爸爸也加入其中,一家四口其乐融融。

家庭教育

现在，儿子正在读七年级。前些天，下学期的期中考试成绩出来了，他名列班级第 2、年级第 21，在班级和年级的排名都有提升。

看到这样的结果，我和儿子都很开心，也很有成就感，付出总会有收获。

回想起 2022 年 9 月，儿子刚刚升入初中时，在开学的摸底考试里，班级共 49 人，他排名第 36。年级的排名早就到 300 开外了。

当时，儿子大多数时候都是在家上网课，这给了我更多的陪伴机会。

在这个过程中，我们一起完成了很多个挑战。比如，数学的正负有理数计算题，他总是会算错，每天晚上写作业都要写到 12 点，眼看着都影响身体健康了。别说孩子熬不住，我这个家长也快熬不住了。既然知道是什么地方在拖后腿，直接去解决就好了，我安抚了他的情绪。接着，在他做数学作业的时候，我就开始观察他，发现他在打开括号、是否变号时总出错，我就跟他一起找解决办法：一步一步地做，不用一步就在大脑里快速计算出来，而是多写几步，慢慢来。就这样，大概 3 天后，儿子在晚上 10 点半就完成了作业，而且准确率也提高了。

在学到新的内容的时候，他又遇到了类似的情况，做作业的速度又慢下来了。这时候，我就问他，需不需要我的支持和帮助？他非常肯定地说不需要。因为他已经有经验了，开始的时候都会慢一些，只要坚持多做多练，情况很快就能改善。

我很欣慰，因为他的这种坚定、这种面对挑战的自信、这种愿意坚持的态度。

在第一次期中考试中，儿子在班级排名第4；在期末考试中，他在班级排名第3、年级排名第65。再到这次的期中考试，他在班级排名第2、年级排名第21。他的成绩很明显有一个稳步上升的趋势。

在家长会上，老师点名表扬了两名同学，说他们在学习上完全不用老师操心，其中就有我儿子。

而且，我还想说，儿子从上小学到目前为止，从来没有补过文化课。现在周末还在上的兴趣课只有毛笔书法，已经获得了很多的证书，包括省级的、市级的、学校的。

因为我用我的方法支持儿子，提升了他的成绩，也提升了孩子的内在动力，干扰越来越少，一切进入正循环，他爱上了学习。

现在的他，不仅学习成绩好，在班级的人缘也好，性格都变得活泼开朗了。

我用的方法很简单,就是观察、反馈、鼓励、因材施教。

伴随着这样一个实践成果的产出,我的家庭教育事业也开展起来了。

在支持、陪伴客户的过程中,我也在不断地迭代、优化我的方式和方法。我的能力越来越强,提供的支持越来越多,解决"疑难杂症"的"药效"也越来越快。

我目前正在陪伴的客户中,有的在事业上的收入翻了几倍;有的在陪伴2次之后,家里的孩子明显不叛逆了,开始认真完成作业了;有的在陪伴孩子的时候,从以前的火冒三丈到现在的母子和谐;有的更加明确了事业方向,加快了发展速度……

如果你问我,我的陪伴最大的特点是什么?

是灵活。

不同的人,不同的家庭,采用不同的方法。没有哪一个模式可以套用到所有的家庭、所有的人身上。每一个人都是独一无二的,每一个家庭都是独一无二的,每一份独一无二都有独特的智慧。只有灵活应变,才能给客户提供更多的支持。

1000多个小时的教练时长,夯实着我的教练功底。

对60多个客户的用心陪伴,让我的经验不断地积累。

很多我支持过的客户,频频给我较高的评价,其中最多的就是:小明教练自带的亲和、稳定的状态,深深地影响着我,让我安心、平静下来,我也想要拥有小明教练的这种状态。还有人反馈说，只要跟我聊几句，就能充满力量；只要跟我聊几句，就能清楚方向。

收到这样的反馈，我很欣喜，那是对我的嘉许和肯定，也是对我的抬爱。

不过我真的很享受，能支持、帮助他人，让他人获得力量，看见希望，发现自己本身就有的能量。

现在，我不仅开始了家庭教育事业，还带着真诚的爱，用我的所长做公益，帮助那些需要帮助的人。

做善事，积福德。

我开展了为100个家庭做100次公益教练的活动，每场仅收费99元（原价599元），且所获收益全部捐赠给慈善机构。

家庭教育事业是我要做一辈子的事情，我要尽我所能帮助1000个、10000个，甚至更多的家庭，让孩子们都有美好的人生，让家庭都和睦、幸福。

公益也是我要做一辈子的事情。从2022年7月开始，我每个月都捐款。

为了让更多的家庭越来越好，为了让更多的孩子得到支持、活出美好的人生，为了那些需要帮助的孤残儿童，我决定做一个懂得感恩、回馈社会的教练。

即使我的事业刚刚起步，但善良的种子早已生根发芽。

大起

培养"小白"成为自己的家庭医生

健康目标知行合一教练

为你的操作系统打造扎实的基础

很多人都清楚地知道,在人生所有的目标中,健康目标是最重要的,因为它是我们所有追求的基石。如果一个人在病榻之上或者身体状态不好,他就不能做其他的事情了。但是真到执行的时候,并不容易做到,很多人经常把其他事情,比如工作、学习等等放在身体健康之前。也有些人因为年轻,身体素质好,不重视维护自己的健康。

我们是从什么时候开始,能够清晰地意识到拥有健康的重要性?

对大多数人来说，失去了，才有感知。

身为一个中医师，我往往被人认为应该更在意健康，甚至不会有坏情绪，但其实我也是慢慢意识到健康的重要性的。

始于年目标

在个人成长教练一阶段结课汇报时，我的汇报题目是"个人操作系统升级之路"。

其实到现在，我都没完全想明白，身为一个临床的中医大夫，我怎么会跑去学个人成长教练课程，而且还那么着迷。但有一点我是确信的，即易仁永澄老师、他身边的这群人的样子，是我想活成的状态。

我第一次知道永澄老师，是在2022年的年目标课程上。其实在开课前，我早已做了年目标，还在一个年目标交流会上分享过。在分享会上，我感受到了如受凌迟一般的痛苦——都是同龄人，别人明年要写书、做项目、读博、做公益，而我只想发表一篇论文。凭我对那位伙伴的了解，她的目标大概率会实现。人比人，气死人。

对我来说，一想到写论文就头痛。我为什么要写呢？为了给未来的晋升铺路。每每想到这，接下来的2秒钟，我就会在脑海里过完余生——每天工作8小时，两点一线，下班就感到疲惫，想躺平，舍不得调休去旅游，看到别人去了好玩的地方，只能眼馋。好在再熬 30 多年就退休了，但退休以后，我这胳膊和腿儿能不能受得了长途颠簸去旅游，还未可知。

这样毫无惊喜的一生，对我这种好奇心旺盛、喜欢新鲜事物的人来说，太无趣了。

带着这种焦虑和沮丧，一看到永澄老师的年目标课，我就赶紧报名了。

没让我失望，结课后，我有了一沓纸的年目标，焦虑得以缓解。更值得一提的是，我发现自己在那之后，感官更敏锐了。本来容易自责、内耗的我，慢慢可以接纳自己，大方地跟人打招呼，想拒绝就能说得出口。我还发现，这里的同学们一个个热情而有力量。

年中，我终于按捺不住了，自己东拼西凑，又借了爸妈的钱，报名了个人成长教练课程。

到现在，又过去了一年，我似乎已经脱胎换骨了。

个人成长教练课程是成长加速器

这一年的前半年，我最常问永澄老师的问题是："我到底要继续做大夫，还是转行做教练呢？"我好喜欢教练的工作方式：用跟人对话的方式帮助别人，让他人走出迷雾、充满力量，并且在这个过程里向别人学习、真诚地夸奖对方。这种状态太吸引人了！我也想活成教练伙伴们的样子！但是我都学中医那么多年了，也挺喜欢患者在自己手底下被治愈的感觉，总不能说放弃就放弃吧？

永澄老师皱眉，语气中带着恨铁不成钢："你一个还没到30岁的人，问什么到底？那个谁谁谁，××岁了不也在探索和寻找热爱吗？为什么着急要马上得到一个答案呢？"

啊！真的好希望有人告诉我一个"正确的方向"，而我就只管朝着那个方向跑去就好了！即使是这种初级的心态，也是我在上年目标课和学个人成长教练课程之前，做了2年多日复盘并用柳比歇夫时间管理法修炼得来的。尽自己的能力，把每一天过得充实，比以前虚度时光时快乐多了。

但随着时间的慢慢推移，我开始不满足于这种心态。

有一次，我跟小伙伴分享自己的时间管理方法时，被问道："你做事情提高效率、管理时间的目的是什么？是为了做更多事吗？"彼时，我的行为模式就如他所问的，似乎做完这一件事就是为了开始做下一件事，不停地做事情，所以我被问得愣住了。

后来，我学了教练课程、逻辑层次理论，才知道行为固然可以增效，但也需要愿景、使命、价值观等更务虚的东西来支持，因为人是需要意义感来喂养的动物。

由此，我开始往更高的层次去探索，开始觉察自我状态。我发现自己因为太渴望成长，所以与此相关的东西都很容易引起我的兴趣，并且我很容易就能看到它们好的一面，但是对于自己的专业，却没有这样积极而有意识的观察。

我一直以为自己只是喜欢在治愈患者后得到的正反馈，在觉察自我之后，才知道自己其实喜欢学习中医知识，喜欢这个学以致用的专业，喜欢它与每个人息息相关。熬夜后，我的心情差到极点，但上班进了办公室，和病人交流起来，就慢慢开始感到开心。

我慢慢更了解自己，原来和人融洽地交流、把学到的技术拿来实操、进行1对1的问诊和记录、解决遇到的问题、看到患者的状态变好，都是我喜欢且擅长的部分。原来我如此爱中医专业，如此重视自己的专业程度，我开始放下对选教练还是选中医的纠结，用心去积累，同时继续跟随永澄老师学习，经验告诉我，学习可以让我续航更久、状态更稳定、效率更高。

使命浮现，美梦成真

这一年的后半年，是以 2023 年的年目标制订作为开端的。我给自己定下最主要的目标——做中医知识产品。既然我如此重视专业度，那么就一定要加强专业的学习和积累；既然学到的东西这么好，那就要输出和分享；既然重视和喜欢记录，那我要求自己在2023年积累一定量的全程记录的治疗案例；既然对教练课程这么喜欢、难以割舍，那就带着它一起上路。

以我在工作和学习过程中的体会来看，大部分中医学子的事业发展选项并不多。身边有众多中医伙伴时常交流，这让我有机会站在第三者的角度上，比较"中医人"和"成长人"的状态。后者往往表现出更多的热情和生命力，而我身为一个中医人，内心很希望有更多的中医人，甚至医疗人、体制内人士都能看到这一种鲜活的活法，所以，我决定成为这个示范者，自己先活出来！我好像找到了自己的使命。

在2023年的目标课上，我有幸得到了和永澄老师教练对话的机会。在对话中，我说道："希望把教练课程和中医结合起来！虽然还不知道怎么做，但是我已经能够把在个人成长教练课程里学到的技巧应用到日常的诊疗活动中去，提高患者的就诊体验。目前看来，在改善医患沟通方面好处多多。我相信自己能找到更好的结合方式。"

意外的是，在教练对话结束后，就有伙伴来找我，提出付费让我做他的中医学习目标达成教练，他希望能把中医融入日常，学以致用，守护家人的健康，把中医知识教授给孩子，让他们未来也具备守护自己健康的能力。这不就是教练课程和中医的结合吗？我美梦成真了！

美梦成真的新征程

美梦成真，真开心！不过，在服务客户、达成目标的过程中，我们遇到了挑战。

这个客户是个本职工作繁忙并且对自己有极高要求的人。虽然他知道健康很重要，也有极高的意愿为之付出时间、金钱、精力，但每到工作任务到来之际，便会一心扑到工作上，把健康这种重要却不紧急的事情抛诸脑后；虽然有心学中医，但是日常能用来学习中医的时间并不多；身体不适时，可能也未必有精力和时间去医院看病，希望有人可以直接给出指导建议，甚至处理的方法。

这些问题，和我以前遇到的教练状况不太一样，也和我在临床上遇到的问题不太一样。我一开始是有些迷茫的，每次跟客户聊完后，都会整理我们的录音，再次寻找触动客户的点，以及或许能给患者带来转变的因素，希望能够支持客户有更多的改变和进步。

与此同时，我也慢慢受到了启发，意识到身边这种看重健康但难以知行合一、身体不适但自己无能为力的人一抓一大把，如果我既提供健康目标达成教练服务，又给出保持健康的解决方案，甚至还能培养他人成为自己的家庭医生，那岂不是既能帮这类客户省掉大量的探索成本，又能帮助到更多人了吗？

随着时间的推移，这位客户的目标慢慢从"学习中医"调整为"变得更健康"，于是我根据客户的需求，也调整自己，专注健康目标知行合一，支持伙伴完成健康这个基本目标，在爱他人之前，先好好爱自己，把重要的事执行起来。优化目标之后，客户的信念调整得很快，意识到需要更爱自己。有了这样的信念来赋能，他的行为也更快速和高效了。

同时，我还发起了针对中医"小白"的知识学习和实操社群，指导大家进行自我诊断、自我治疗和保健。良好的外部环境、坚定执行的伙伴，对于一个人的学习有着巨大的影响力。我曾经受过日拱一卒伙伴的影响，现在再拿日拱一卒来影响别人。

如此，精进专业、中医知识分享、临床案例积累、照顾自己、关爱他人，这些我在年目标里想要的东西都有了，聚在一起，甚至算得上一个小系统。

有了这些的自己好像找到了"正确的方向"，但现在的我已经不再渴望一个"正确的方向"，因为我不再那么容易被别人的状态影响，也不再心急地以世俗的成功衡量这一切，不再羡慕伙伴丰富的目标。我相信自己，我想去、要去的地方都是正确的，我认为每个人都有自己的课题、有自己的花期，我们要做的就是给自己提供持续成长的土壤，然后静静等待自己长大。

健康对于一个人来说，是所有 0 前面的 1。来，和我一起，为自己和家人的健康保驾护航，让自己所有的 0 前面有个稳稳站住的 1；来，和教练们一起成长，为自己人生的 1 后面添加更多的 0！

李晔

《爱自己的100种方式》活动发起人
个人成长教练

爱学习，爱自己，爱世界

我是一位来自三线城市的普普通通的中年女性，普通到走在大街上没人会注意，但我的内心是闪亮而有光彩的。

前两天和女儿聊天，她说："妈妈，你太卷了，上了一天班不嫌累呀，还每天晚上坐在电脑旁学呀学。"

的确，我的同龄人要么退休了，颐养天年，要么含饴弄孙，要么游山玩水，而我依然像个少年，孜孜不倦地求学。

学习就是我的爱好，从十几年前开始学习家庭教育，从线下到线上，学习个人成长教练课，学习整理，学习纸牌，感谢今天的网络让我有如此多的课程可以选择。每一次学习都会让我增加物质或精神的财富，这种低成本、高回报的投资，有什么理由不爱呢？

爱学习，全力以赴考证，鼓励他人

学习带给我的是什么？是更多的改变，是个人的成长，是价值观的蜕变，是确定目标就要达成的决心。

我这几年陆续考了些证，如计算机证、会计证、心理咨询师证、中级经济师证、中级社工师证。说起来，用一个月的时间学完中级经济师 2 门课，用一周的时间学完中级社工师 3 门课，对当时 45 岁的我来说，也是很拼了。

几年前，看到同事们纷纷在考中级职称，后知后觉的我也赶紧开始学习，心想起步晚了，不能三心二意、不坚定，下决心要考出来。有了这样的决心之后，我就开始无比坚定地去做，于是当年只有年龄最大的我一次性拿到了证。

总结我能做到的原因，是我全力以赴地去做这个事情，而这种全力以赴的坚定，是跟永澄老师学习年目标的成果。定了目标，就要有结果。一件再小的事，你全力以赴去做，在完成这件事的那一刻，它带给你的快乐和成就，真的是你无法想象的。

这样的结果吸引了单位的小年轻们纷纷来取经。"我也想试一试，看能不能考出来。"听了这样的话，我就会苦口婆心地劝，全力以赴有可能考出来，试一试肯定考不出来。你要是只想试一试，就别浪费时间，要考就要全力以赴。

不管谁来，我都会这样说。后来，真的有同事来报喜，说："我考出来了，谢谢姐。"

体会到帮助别人的快乐，我心里特别甜，而学了教练方法之后，我帮助的人越来越多，快乐也越来越多。

说到学习，我的时间投入最多、金钱投入最多的就是永澄老师的个人成长教练课。在三年多的时间里，我浸泡在这个项目中800多个小时，做学员、做助教、做运营，做着做着，渐渐就做成了自己喜欢的样子。

我学习教练技术的时候，正好是2020年初，那时疫情肆虐，在基层街道办工作的我每天都要在社区值勤。那几个月，我没有休息一天，每周花十几个小时投入学习。每周2次线上活动，经常会到深夜12点，还有每周3次早上5点的小组练习，我从未缺席。在成长的阶梯上，没有任何一个台阶可以错过。经过这样疯狂的学习，我发现自己成长为一个全新的人——更有毅力，更有耐心，更有智慧。

这4个月，在一场看不见的疫情与个人成长的拉锯战中，我从来没有放弃，一点一点进步，最终战胜了自己。这种胜利的喜悦，远远超过了疲惫感所带来的不适。我终于证明了，只要坚定信念、决心不移，任何艰难困苦都无法阻挡我追求成长的脚步。

爱自己，从看到自己开始

每个人都需要一个教练。这句话听起来有些夸张，但真的是我此刻的心声。自从接触了教练之后，我觉得我整个人都在发光，变得自信、稳定、温和。

几年前，我是一个非常关注自我、害怕表达内心真实想法的人。在社群里，我常常是万年的"潜水王"、永远的"小透明"——鲜少发言，很少影响他人。而且我过度关注自己的情绪起伏，有负面情绪时，将注意力完全放在自己身上，无法看见周遭的世界。我渴望被人理解，却不知如何让人理解自己。

然而，学教练技术的几年时光让我有了很大的改变。从了解自己、照顾自己开始，我一步步敞开心扉，向周围的人展现真实的自己。我体会到真诚交流的力量，体会到被理解的乐趣，也看到了自己给周围的人带来的影响。这无疑是极富挑战性的旅程，其间我多次怀疑、退却，但最终还是选择勇敢向前。这些进步与收获令我十分自信。

我学会用更积极的心态看待自己和生活，转变的关键是我开始接纳自己。我明白，要让别人理解我，我首先必须理解自己。我努力洞察内心，面对自己的缺点和长处，学会与自己和睦相处。

现在，我敢于发言，敢于影响他人，因为我知道自己是一个独立而温暖的存在。这是我内在产生改变的最好证明。

想看到自己，最好的方式是做个教练。我身处培养教练的学校，最不缺的就是教练资源。我经常约个教练，探索一番，再做出下步行动。

训练自己，就要对自己心狠一点，突破自己的舒适区。每天有一个小小的改变，拼命夸自己，同时还可以向别人要夸奖。在这样的滋养环境里，你的每一个闪光点都会被看到。

照顾好自己、爱自己，这是永恒的主题，是我们一生都要去做的事情。教你个小妙招，是永澄老师教给我们的一个特别管用的"咒语"——"我接纳我自己，同时我知道我会变得越来越好"。每天早中晚各练5遍，我练习两个月后，觉得超级管用，每天能量满满又轻松无比地工作、生活着。

闺女经常感谢我，为了给她更好的教育资源，在她上初中的时候，把家搬到了市中心，因此我每天的通勤时间增加了2个小时。我就哈哈笑，说这样做并不是为了你呀，是我觉得搬家可以参加更多活动，可以有学习的地方，然后她就觉得并不是妈妈为她牺牲了什么，所以不会有负担。

这就是照顾好自己、爱自己的好处，和每个人相处时，都是轻松的。

陪伴朋友，从分享开始

我在教练方面越来越自信，很重要的一个原因是我与一位朋友的交往经历。

半年前，有位相识好多年的朋友找到我，说自己有些困惑，请我帮她解答一下。我们就聊起来，最后说要不然我来为她做个长期陪伴式的教练吧，就这样开始了每周见面一次的约定。半年过去了，她的变化让我很吃惊，从一开始的每次见面就陷在情绪里自顾自地说一个多小时，我一句话都插不进去，到后来她会问我一两个问题。大概聊了三四次之后，她慢慢转为目标导向，会问我怎么制定目标、怎么实现目标？到最后，她会非常在意我，我们可以聊更有价值的东西。我明显看到她有了非常大的转变，处理事情的逻辑变得非常清晰。

我很惊喜，看到她从一个怨天怨地怨别人的抱怨者，开始慢慢地盯着自己的目标去做，为了实现目标而努力，到最后已经不需要别人帮她做什么了，她甚至会感受到自己的情绪波动，觉察到要把情绪转换一下，思考怎么才能把事情做得更好。事情结束之后，她会说我要总结一下这个事情，形成这样的结果，是因为我做到了什么？下一次要调整什么？我看到了她一路的改变，这就是教练的魅力。

学了教练课程，让我更乐于分享、乐于表达。觉得让自己受益的课程、工具，我都会向朋友介绍。纸牌能让我了解自己，我就耐心讲解；朋友需要整理，我就分享我学到的整理知识。我感觉这些就是我给大家的礼物。

前两天，我因为好奇我在朋友心中到底是一个什么样的人，就去跟几个朋友聊了几句。有个朋友说："你总是带着很淡然的笑，不会跟我聊吃喝玩乐等很物质的东西，而是会问，'你想要的是什么'，你是一个注重精神的人。每次交流时，鼓励我走出舒适区，不断地挑战自己。我现在处于学习阶段，真正体会到想要成长、想要改变是很痛苦的，要忍受寂寞、孤独，甚至是煎熬，但我不是一个人在努力，而是和志同道合的伙伴一起，所以心里就感觉很温暖，能够产生强大的力量。"

学了教练课程，改变了我的生活，激励我和朋友们一起成长，这对我而言是一件很有收获的事情。我越来越积极，越来越主动，生活变得越来越好。有时想想，其实什么都没变，只是看待世界的想法变了，世界就变得越来越好，我觉得这是教练带给我的成果。

我的未来，和你在一起

回首这几年，改变我命运的就是学习。学习提高了我的认知，让我结识了一帮志同道合的朋友。在我眼里，再也没有什么困难，只有成长的机会，所以身边朋友感到迷惑、痛苦时，我总想说，来学习吧，你会看见不一样的人生。

在成为一名个人成长教练的这几年里，我有幸见证了许多朋友发生了美丽的蜕变。当看到一个个自我怀疑和没有安全感的人，逐渐变成自信满满、目标清晰、热情洋溢的人时，我的喜悦和成就感是难以言喻的。任何生命的成长都不会一蹴而就，它需要付出真心和耐心。我相信每一个人都有实现自我超越的无限潜力，我的使命是帮助更多人实现自我成长和提高生活品质。

我的目标是在未来 10 年内，帮助 1000 名女性朋友实现真正的内心突破和人生飞跃。这将是一段充满挑战的旅程，我将全心全意地帮助每一位朋友找到成长的方向和节奏，见证生命的美好与无限可能。我相信，只要我们肯迈出第一步，这条旅途将充满希望和无限惊喜。第一步，就从现在开始！

徐铱铱

个人成长教练第10期学员

嘴角上扬,原来毫不费力

看见自己是一件很奇妙的事情。

"你怎么看起来老是拉着脸,像个苦瓜?"这是几年前,一位刚共事不久的伙伴给我的评价。看看镜子,是呀,我一脸肥肉,嘴角向下,眼里无光,像个膨胀了的苦瓜。这哪像个参加工作不久的人?

回顾过去的二十多年,我一直活得小心翼翼。不知道从什么时候开始,嘴角向下已经是无意识的习惯,或者说,保持笑的面容,对我来说只能有意识地支撑一会儿。依稀记得,上中学时,我是班上话最少的人。每次被叫起来回答问题时，说话闷闷的，我的班主任给我的评价是，你讲话像蚊子嗡嗡叫，只有你自己能听见你在说什么，你是讲给自己听的。我连早读都是在心里默念，不敢读出来，不敢大声说话。课间休息时，别的同学不是去小卖部，就是去操场玩一玩，而我是一个人坐在座位上发呆。那个时候的我不想犯错，做什么事情都要想一下，这件事情我该去做吗？做错了怎么办？是不是会被别人笑话？就连在食堂吃饭，只要这桌子上的人没有动，我是不敢自己去盛第二碗饭的。那个时候的我，可能是害怕被同学说我饭量大，也可能是害怕在去盛第二碗饭的路上被人看见。当时我特别想当个"小透明"，但既然没有隐身这项技能，那就只能让自己尽可能躲在角落，不被看见。就这样，"小透明"的我考上了大学，继续读研，毕业后开始工作。

我没有选择离家近的工作，相反，现在的工作地点距离老家有一千多公里。是的，我主动选择了离家远的工作，现在想想，我好像在刻意远离那个家。我的父母都是老实本分的人，他们书读得不多，很小就开始赚钱养家。他们说，只有好好读书，以后生活才能过得轻松些，所以，他们竭尽所能，给了我受教育的机会，让我只用干好读书这一件事情。也正是因为这样，我活在了父母对乖巧女儿的期待中，活在了老师对好学生的期待中，活在了亲朋好友对我的期待中。我被立了很多无形的规矩：作为姐姐，你不能调皮，你要给弟弟妹妹们做好榜样；你不可以只满足自己，有好东西要分享给别人；作为女孩子，你要学会化妆打扮……

由于工作地点离家远，我一年到头回家的机会其实并不多，每天打电话报个平安成了习惯。每到假期，关于要不要回家，我的内心会挣扎很久。我是想回去的，我想多陪陪父母，陪爷爷奶奶聊聊天，可是，我无法忽视那些评价。我一想到回家要面对的那些事情，乱七八糟的情绪就上来了，脑子里出现的画面是一个躲在角落的女孩，闭着眼睛，捂着耳朵，被周围的人指指点点。你怎么还不谈朋友？女生年龄大了，就很难找了，赶紧找个合适的人结婚生娃。你怎么又变胖了？你要是不赶紧瘦下来，都没人跟你相亲。你要主动找话题，年纪这么大了，就别挑了，对方人品好就可以。那个谁谁谁，比你小几岁，都已经生娃了。别人能做到，你怎么做不到？你怎么就不争口气？那个缩在角落的女孩很无助，她想隐身。可越沉默，听见的声音就越多，她感到越害怕、越自责。

那时，我刚换了工作，对新工作的不适应、对个人问题的焦虑，让我整个人陷入了恐慌、迷茫。我开始思考，我真的要这样小心翼翼地过一辈子吗？我真的开心吗？大概是缘分到了，我上了永澄老师的个人成长教练课程，开启了自我探索之旅。

报名成功后，会跟永澄老师有一次单独的沟通。正是这次沟通，让我打开了新世界的大门。当他问我，为什么要报名教练课程时，我的回答是，我想改变，我最近开始情绪化饮食，我特别想摆脱这个状态。他反问了我一句，为什么要改？暴饮暴食是你需要的，为什么不满足自己的需要？我愣了，但也正是在那一刻，我知道我来对了。是呀，我一直在满足他人的期待，却从来没有满足过自己。那个缩在角落，紧闭双眼、捂着耳朵的我，开始听见了自己内心的声音。

我从来没有问过自己想要什么，我只知道我应该要做这些、不应该做那些。从小到大，要表现出别人眼中的女孩应有的乖巧样子，我从来没有疯玩过。拍照的时候，也不敢跳起来。其实我想痛痛快快地玩，不开心的时候大声喊出来，不在意别人会不会笑话我。压抑情绪太久了，心真累。我真羡慕可以随心所欲地玩、肆无忌惮地笑的人。

那个下午，我问自己，我在为谁而活？我有没有认真对待自己的生活？我有没有好好爱自己？得到的答案是没有。其实那个缩在角落里的我，是有渴望的东西的，我希望被别人看见，我也是有情绪的，我不想当个听话的"小透明"。我感受到了内心的呼唤，踏上了属于我自己的英雄之旅。

家里人来了电话，说："你怎么还没有瘦？从过年到现在都半个月了，怎么一点进展都没有？你要主动啊，你都多大了，化个妆，穿得漂亮点，约对方见面。对方不主动，就是因为你太胖了。赶紧减下来，不要错过这段缘分。"我知道家里人是希望我能够早点解决人生大事，可是，这些话真的太刺耳了，我听着太难受了。我知道他们是为我好，但我本来是很开心的、轻松的状态，这些话让我的心情一下子就跌落谷底，消极情绪压得我喘不过气来了。

我在桌子上堆满了高热量的食物，吃东西让我暂时消除了这种委屈不安的情绪，但这只是暂时的，情绪化饮食并不能解决情绪上的问题，反而让我加速肥胖。在身材变差的同时，情绪并没有变好，除了家里人的"关心"所带来的委屈不安外，又多了对自己管不住嘴的自责和懊恼。

我知道改变他人是很难的，我也不想改变家里人固有的思维，因为我知道，对他们来说，这是他们能做到的最好的了。我想知道的是，自己在面对这些不耐烦、不舒服、委屈、焦虑的情绪的时候，我想要的是什么？原来在这些消极情绪的背后，是我对自己的渴望。我渴望在与家里人沟通时，我可以不因担心家人内心受伤而沉默，直接表达自己真实的想法。我想告诉他们，我也期待一份美好的爱情，期待遇到那个合适的人。只不过，我不希望这份期待因为年纪而焦虑。你们这么希望我嫁人，是想有个人陪伴我，让我过得轻松一些。当我真实地面对自己的时候，我释然了，原来那些所谓的应该都是我自己强加给自己的，我只要做我自己就好了。想到这里，我突然感觉脸上的肉都轻了，嘴角开始上扬。如果现在的我能看到那个时候的自己,我只想抱抱她,告诉她,要好好照顾自己。

我开始记录有成就的事件。不管事件大小,只要我认为值得记录的都会记下来,并把这份美好的感觉分享给家人和朋友,这也是我爱自己的方式。在记录的过程中,我看见了自己的傲慢。以前的我,总是忽略自己的进步,小成绩不放在眼里,认为这些进步和成绩是应该的。可是,为了这些进步和成绩,我付出了很多的努力,我都选择性地忽视了。为什么这些小进步看不见,非要那种很大的进步?没有做到的话,就对自己进行猛烈的攻击。我慢慢放下了对自己的严格要求,停止了自我攻击。

我开始合理安排休息时间,舍得给自己花时间。面对相亲对象,我采取了积极主动的方式。直接表达了我内心的担忧,我已经习惯了一个人生活,面对亲密关系,我有点不知所措。正是这种真实、直接的表达,对方回应有同感。我们约定放缓进度,家里人再着急,那也得以我们两个人自己内心真实的想法为主,以交朋友的方式渐渐熟悉对方。我是个非常怕麻烦别人的人,这个特点让我在面临亲密关系时,有很不利的影响。现在想想,怕麻烦别人其实是不想别人麻烦自己,独善其身。可是,在这个世界上,怎么可能不和他人发生关联呢?

在外人看来,我是一个什么都不争的人。可是只有我自己知道,我想要很多东西,只是担心自己做不到,就放弃了。我忘记了婴儿时的我在学会翻身和走路前,也是尝试了很多次的,过程并不那么完美。怎么长大了,我反而缩手缩脚,担心自己表现不好,因为要求完美而放弃了开始的第一步?不,我也想站在舞台的中心,表现自己,获得掌声。

是什么阻碍了我成为真实的自己?我想了想,是他人的评价。

可是,生活是我的,过成什么样子,只跟我这个人有关,与他人无关啊。当我放弃了关注他人对我的评价的执念时,我感觉整个人都轻松了。我知道我想要拥有的是不想做什么就可以不做什么的勇敢和自由。想到这里,我浑身都充满了力量,那个缩在角落里的我不见了。

那一个个叫"应该1号""应该2号"的沙袋绑在身上太重了,重到我想嘴角上扬都需要耗尽所有的力气。现在的我,丢掉了这些"应该"沙袋,允许不确定的事情发生,放下傲慢,突破内心的挑战,回归本我,满足自己的需求,并为自己的想要而变得积极、主动。我第一次体会到了什么叫对自己人生的掌控感,感受到了自己内在英雄的力量。

我要活成自己,用自己的活法影响更多的人,让更多的人因为相信而过上想要的人生。

嘴角上扬,原来真的毫不费力。

白新宇

畅销书《跳跃成长》合著作者
个人成长教练

人生的转折从遇见教练开始

人生到底要如何度过，才能让自己满载而归？或许是听从父母的安排，认认真真地学习、工作，再结婚生子；或许是咨询专业的人生规划师，看看人生有多少种可能；或许是发掘自己的潜能，探索一条自己热爱的道路；或许还有更多选择，但是无论如何，那一条属于自己的人生路该怎么走，就需要将决定权牢牢把握在自己手中。学习教练课程之前的我，整个人非常迷茫、非常纠结，特别不自信，仿佛什么事情都做不好，对自己的评价总是特别负面，还经常自我攻击，精神内耗；通过学习教练课程，一点点调整自己的状态，不仅可以活出自我，同时也可以贡献一份力量影响他人，让世界变得更好一点。我的这些转变是如何发生的？总结起来，有2个关键词：老师和伙伴。

老师是方向

人在一生中能够遇到几位好老师，绝对算得上是极其幸运的事情。当我还不知道教练课程是什么的时候，就已经被玛丽莲奶奶的教练视频震撼到了。在视频里，70多岁的她穿着橙色的上衣、黑色的裙子，平和又安静地聆听客户的心声。即便客户用中文表达，但是当时玛丽莲奶奶所呈现的状态让旁观的我们都忽略了语言所带来的不便，沉浸在其中，感受教练课程的神奇。玛丽莲奶奶的示范，让还没有学习任何教练知识的我，清晰地感受到了教练的作用，以及教练可以带给他人的变化。教练的神奇之处，在我的心里埋下了学习教练课程的种子，让我记住了这样一种特殊的感觉，激发了我想将这样的改变带给他人的心情。

后来跟着永澄老师学习教练课程是非常顺其自然的事情。他的优良品质在潜移默化中影响着我，他特别真实、坦诚，将自己过往的经历，包括各种各样的失败、内心的各种反思完全呈现出来，并将自己改进的过程也毫无保留地分享给大家。在永澄老师身边学习教练课程，最让我受触动的就是他的全然信任，信任自己，信任学员，信任客户。记得我有一次作为永澄老师公开录像的客户，当时的我特别想换一份工作，但是内心极其纠结，不知道该如何做决定，也不知道该走向何方，永澄老师开场就问我，假如都做到了，那会是什么样子？直接将我的注意力拉到未来，让我关注自己实现愿望的时候，自己会是什么样子。他就这么陪着我一起去未来看看，同时引导我思考，为什么我的愿望对我来说那么重要。后来，教练课程结束，我发现原来自己并不想要换工作，那只是个表象，自己想要的是内心的稳定，想要的是真正具备安身立命的能力。之后，我就更加笃定了自己要认真学习教练课程的决心，把注意力放在学好教练课程上，而不再去担心工作没有发展该怎么办。

好的老师用行动来影响身边的人。我听过一句很美的话：教育的本质就是一棵树摇动另一棵树，一朵云推动另一朵云，一个灵魂唤醒另一个灵魂。真正的好老师就是一个唤醒者，他用自己的灵魂唤醒一颗又一颗沉睡的种子。

伙伴是动力

为什么我们听了好多道理，却依然过不好这一生？很有可能是因为你的身边缺少同行的小伙伴们。通过学习教练课程，我真真正正地感受到了伙伴的重要性。

首先是学习模式的升级，从过去默默地自学到现在借助费曼学习法、库伯学习圈、沉淀有效性等，让自己的知识掌握得更加牢固，而使用这些学习方法离不开小伙伴们的支持。费曼学习法简单来说就是把自己学到的内容讲给别人听，而这就涉及学习过程中的输入与输出，通过输出，倒逼自己更认真地输入，再通过与小伙伴们的交流，觉察自己在学习过程中忽略的部分，获得不同的思考和理解。库伯学习圈则可以避免假学习，避免"看起来很努力，然而并没有什么用"。库伯学习圈是指学习过程中的四大环节，即体验、感受、观察、总结。学习从体验开始，特别是教练课程的学习，体验很重要，所以即便最初并没有掌握太多的教练知识，依然可以开启教练对话。在每次教练对话结束后，首先要回顾教练过程中的感受，然后再仔细体会在这过程中，自己是如何行动的，最后总结有效性。每一次教练练习至少有3位同学反馈，这种多角度的看见帮助你进一步加强学习。另外，库伯学习圈的体验有两种，一种是自己的直接体验，另一种是别人的间接体验。直接体验是需要自己亲身经历，但你不可能把每件事都亲身经历一次，所以通过与小伙伴们的沟通、交流，你会发现超级多的智慧宝藏，这是独自一人学习永远无法获得和体会到的。最后说说沉淀有效性，在学习教练课程的过程中，有太多次失败的经历，但是无论成功还是失败，都要总结在这次教练过程中，有效的部分是什么？当注意力放在有效的部分上时，就可以让自己从各种感觉里跳出来，观察自己做到了什么、是如何做到的，而这一点点能力的总结，就是一点点自信的积累，就是一步步脚踏实地的成长。但是当我一个人学习的时候，往往只觉得自己这也没学好、那也学得不扎实，总是看不到自己做得好的地方，总觉得自己学了半天，怎么什么都学不会。当来到教练的场域，与小伙伴们一起学习时，在熬过最开始使用学习方法的笨拙期后，我才真正体会到了什么是学习，什么是学了就可以运用、就可以改变自己、就可以改变生活、就可以活出自己想要的样子。

其次是人生支持系统的升级。我特别喜欢看《海贼王》，不仅仅是被路飞的梦想所感动，更重要的是我特别羡慕路飞身边的伙伴们，他们每个人的内心都曾受过创伤，但是在一起之后，他们互相治愈、互相支持，最终他们每个人都找到了自己的稳定内核，在团队里发挥着各自的作用。很庆幸当我与教练相遇时，我也遇到了非常值得信任和依靠的伙伴们。他们有时候是我的镜子，帮助我全方位地看到自己；有时候是我的拐杖，帮助我跨过面前的挑战；有时候是我的助推器，让我在面对梦想时，心生勇气，去追求我的梦想。在刚刚过去的一个月里，我完成了除正常训练以外的 27 场教练练习，而这 27 场练习需要 27 位小伙伴的支持。这对以前的我来讲，是想都不敢想的，往往是我还没开始行动就已经演各种内心戏，比如说我要如何去约 27 位不同的伙伴来支持自己练习？要去约谁？会不会被拒绝？被拒绝了该怎么办？会不会麻烦到别人？会不会因为做一场失败的教练练习而浪费了对方的时间？最终的结果就是一直在计划，却没有行动。但是通过学习教练课程，我的人生支持系统有了巨大的升级，只要我说出自己的需求，就有小伙伴主动找到我并给我支持。在与小伙伴们沟通的过程中，我深深地感受到大家的爱和奉献，小伙伴们会特别认真地告诉我如何提问才能够让客户听得更清楚，会启发我如何聆听客户的意图，会指导我怎么去跟客户签合约，会跟我说抽到不同彩虹卡的惊喜，会分享教练课程的收获，会讲述自己被治愈的心理。人生支持系统的升级让我深深地感受到小伙伴们的重要性。

我非常庆幸自己遇见了好的老师、好的伙伴。因为这次遇见，我勇敢地面对自己，去探索自己不同的可能性，让我的人生主题不再以担心、恐惧为底色，而是转变为以爱、贡献、相信为主题的信念系统。我相信带着这份能量，通过教练，我会一点点地走出属于自己的人生之路，并且终将满载而归。

赵佳

职业转型教练

乖乖女变身记

开头

"从你的性格测评报告来看,你应该属于在人群中不太起眼、默默无闻的那种人。"我耳边传来测评老师的话。

我点点头,脑海中浮现出过往的人生……

过去

我35岁前的人生就像是一张黑白照片,没有光彩,黯淡无光。我出生在一个十八线小城市,父母是下岗工人。在父母的打骂教育下,我成了一个自卑、内向的乖乖女。我很努力地学习,但成绩平平,我讨厌别人关注的目光,喜欢躲在角落里,话不多,也没朋友。

上学、工作、结婚、生子,我都听从了父母的安排,我以为这样人生就会顺顺利利的,收获父母口中的幸福,可现实狠狠地给我上了一课。首先是工作,毕业后,我做了人事工作,看起来工作内容简单,但想要做好,需要频繁地和人打交道。这份工作让内向的我非常痛苦,领导经常找我谈话,要我放开自己,多和别人沟通,可我做不到。后来,我想换个工作环境也许就好了,可痛苦依旧。在感情上也一样,几次谈恋爱都因为性格不合分手了。

工作和感情上的打击让我更加自卑了,我觉得一定是因为自己不够好,所以领导、对象都不喜欢我,我好像陷入了自我怀疑的旋涡中,怎么也爬不出来。我很痛苦,但父母不理解我,身边也没有可以倾诉的朋友,我感觉特别孤独、无助。我不知道能做什么,只能咬牙努力,让自己更有价值,来掩盖内心的脆弱。皇天不负有心人，我的付出有了回报，工作有了新的机会，也找到了人生伴侣，当了母亲。我的父母帮我规划的人生大事终于一一完成，我松了口气，以为美好、幸福的人生就要到来了。

等待我的，却是再一次割开伤口，暴露脆弱的自己。在工作中，领导安排我和同事竞争一个职位，考察期为期半年。两个女人的竞争就像没有硝烟的战斗，竞争让我们原本就不大的团队分成了两个小团体，各自为政。表面上我和对方争得不可开交，我的内心却非常不安，因为我的强势都是装出来的，我觉得自己不如对方，我不够好。在宣布结果前的1个月，我终于忍受不了了，我不想面对可能的失败，我主动辞职，把职位拱手让给别人。

离开公司后，我非常失落，好不容易从旋涡中挣扎着爬出来了，怎么一不小心又进去了？夜深人静时，看着熟睡的儿子，我常常感到迷茫，我的人生怎么这么失败？我已经按照父母的期待活了，为什么还是不幸福？到底哪里出问题了？我真的适合人事工作吗？我想要做一辈子吗？脑海中有无数的问题浮现，却没有答案。找老公倾诉，他觉得我自寻烦恼，我又一次感到孤立无助，沉寂数月，我真的受够了，我不要继续待在这个可悲的旋涡中了，我要出来。

我下定决心，给自己的人生按下暂停键，没有答案，我就去找答案。在人生的下半场，我要认清自己，换个活法。

探索人生下半场

我和家人协商好休整一年,开始了人生下半场的探索之旅,我学了家庭教育、阿德勒心理学等课程,疗愈了原生家庭的创伤,在机缘巧合之下,又接触了教练课程。在教练课程的学习之初,我依然保持原来的习惯,在线上上课时关着视频,从不主动发言,小组成员之间的练习,我永远是最后一个,因为害怕自己表现不好。等到课程过半时,我发现好像不管我说什么、做什么,大家都能完全地接纳,更让我意外的是,有时我觉得自己表现得糟糕透了,小伙伴们仿佛看不到,一个劲地夸我,夸到我开始怀疑自己,我真的有我认为的那么差吗?原来我好像也有不少优点。我心里的防线好像一点点地松动了,我尝试着打开了摄像头、在课堂上发言、主动申请第一个做小组练习,结果并没有我想象中的那么令人害怕,甚至还有些小刺激和兴奋,我好像变得勇敢了……

四个月的课程一眨眼就上完了,而属于我的人生下半场才刚刚拉开序幕。因为教练课程,我有了更大的勇气,去做以前不敢做的事情。

- **疯狂地读书**

我每天四点半起床,求知若渴,半年读了 100 本书,读书笔记本有满满一大摞，比上学时都认真，因为我是为自己读书。更令我兴奋的是，我体验到了读书的乐趣，我特别喜欢读人物传记，我发现，原来我曾经经历过的痛苦与迷茫，那些优秀的人也同样经历过。我并不孤单，比如《成为》的作者米歇尔·奥巴马，小时候也曾经自卑，对于律师的职业也迷茫过。这些精英人士现在如此成功，是因为他们不仅战胜了痛苦，走出了迷茫，还用自己的行动影响了无数的人。在一本本的传记中，我找到了我想成为的样子，我不再害怕旋涡。我知道，我一定能爬出来，每次出来后，我都会更有力量。

- 弹钢琴、玩滑板

从小到大没上过兴趣班，没有拿得出手的才艺，一直是我的遗憾。在奔四的年纪，我自学了钢琴，录了一百多首曲子，音乐从指尖流淌出来的感觉真的是太奇妙了。特别是爵士乐，在弹奏时，身体会情不自禁地跟着摇摆，学流行和弦时，虽五音不全，但也想要吼两句。

钢琴是静的，玩了一段时间后，我还想来点动的、刺激的，我想去冲浪。可家门口只有江，没条件那就创造条件，于是我就玩起了陆冲滑板，能在地面上体验冲浪的感觉。别说，真刺激，还超级"拉风"。初学时，我在小区里慢慢地滑呀滑，小朋友们追着我跑，我一不小心摔个四脚朝天，惹得围观的人哈哈大笑，我拍拍屁股爬起来，继续滑。练了一个多月，我终于能滑出大大的S形曲线，体验到了乘风破浪的感觉，我还解锁了滑板迪斯科、滑板爵士，耳机里传来什么音乐，我就能跟着音乐节奏扭啊扭，小朋友们再也不追着我跑了，因为他们跑不过我了。周末背着滑板去公园，我就是最靓的仔，偶尔还能收获路人的加油和鼓励，温暖又开心。

如果二十岁时，有人告诉我，你在奔四的年纪会学钢琴、玩滑板，我一定觉得对方疯了，而现在，一切都成真了。人生啊，只要你敢想敢做，真的没有什么不可以。

- **交朋友**

以前自卑、内向的我是妥妥的"社恐"一枚，一直活在自己的世界中，很少打开自己和外面的世界互动。学习教练课程后，我尝试在朋友圈记录与分享我的变化，没想到有很多小伙伴找我私聊，问我是怎么做到的。有次过生日，我还收到了陌生人的红包，说我影响了他。我深受触动，也特别有成就感，我慢慢喜欢上了和别人交流的感觉，我想用行动影响更多的人。于是，我组织了读书会、沙龙等活动，分享自己的学习成长经验，带着一群小伙伴共同成长。

有一次活动结束后，有个新伙伴说："你说话特别有感染力，感觉非常开朗、自信。"我笑着感谢她，内心窃喜，自卑的乖乖女变身成功啦，我活出自己想要的样子啦。

重新启航，化解危机

和家人约定的一年时间很快就到了，我的人生不仅没有暂停，反而拥有了很多幸福、快乐、好玩的瞬间。我找到了自己想要成为的样子，活出了新的人生，但什么是值得我一辈子去追求的事业？我的热爱是什么？我还没找到答案。

按下继续键，我重新回到了职场，做老本行——人事工作。我特别开心，因为同样的工作，现在的我可以轻松应对。我不再害怕和别人沟通，而是可以很自然地和同事相处，交流无障碍。就在我混得如鱼得水、沾沾自喜，觉得自己成长了、厉害了的时候，现实又给我当头一棒，将我打回原形。

我的直属领导工作半年后离开了公司，空降的领导对我的工作不满意，要从总部调个人来分摊我的工作。女人的第六感告诉我，领导估计想要慢慢优化掉我。当时我整个人就懵了，老天这是和我开玩笑吗？两年前的竞争要再来一次。我陷入了深深的恐惧，我不够好、没价值等自卑的感觉又回来了。

那几天，不管是新领导还是同事找我沟通工作，我都有点抵触，总觉得是准备让我交接工作，我再一次想要逃避，主动离开。

悲观的情绪持续了好几天，我慢慢恢复理性，用教练的方式和内心展开了一场对话：我想到什么，看到的就是什么。同事找我是正常沟通工作，我没法改变领导的第一印象，不如踏实做好手头上的工作。新领导刚来几天，根本不了解我，我不需要为了一个不了解我的人全盘否定自己，我的成长不需要别人证明。我是一个教练、是学习者，新的领导和新的同事身上一定有我可以学习的地方。我们是一个团队，不是竞争关系，而是伙伴关系。

对话完后，我接受了现实，我尽可能地帮助新领导和同事快速了解公司的业务，融入团队。一个月后，新领导找我谈话，说之前对我的工作内容理解有偏差，相处下来，觉得我的业务能力还不错。听完领导的话，我的内心既平静又喜悦，平静的是领导对我的评价，我已经不在意了；喜悦的是，我看见了自己的成长，这次我没有退缩，而是勇敢、积极、主动地面对挑战。

人生下半场的使命

两年多以来，为了找到人生下半场热爱的事业，探索更多的可能，我尝试过一些副业，踩过一些坑，但只有教练是我持续坚持、没有放弃的。我在个人成长教练社群做了 6 期助教，深度陪伴了 18 个学员成为教练，一对一地支持了 100 个以上的伙伴。我见证了他们的成长，他们也见证了我的成长，我用教练战胜了生活和工作中大大小小的挑战，我的生活变得多姿多彩，和家人的关系也越来越融洽，那张黑白的人生底色照片有了丰富的色彩。

不知不觉间，教练已经成了我人生的一部分，我越来越坚定，做教练就是我热爱的、值得我用一辈子去追求的事业，我想要在别人痛苦、迷茫时，陪伴他们走过那段艰难的路，因为我尝过孤独无助的滋味。我想要用自己的行动影响更多的人，成为更好的自己，我想要像永澄老师一样，活成一束光，照亮自己、点亮他人。

2023年年初，我决定转型做全职个人成长教练（专业教练），我的人生下半场有了奋斗的方向。这条路上充满了挑战和未知，我大龄转型，教练因为小众，没人知道，身处十八线小城市，没有特别牛的学历和工作背景，但那又怎样？我心中有梦，我想要拼尽全力去追，我相信一定能实现。

结尾

"喂，你还在吗？"电话中传来的声音打断了我的思绪。

"在，你说得对，过去的我平平无奇，但那也代表未来的我有无限的可能。"

第三章
学会成长

黎阳

国企女性幸福催化师
引领成长,实现平衡

生命平衡的新坐标:爱与成长

"给我一个支点,我可以撬动整个地球。"第一次听到阿基米德的这句话时,我大概七八岁。上小学时,我很好奇:这个撬动地球的支点在哪里呢?

长大后,工作、家庭、健康、学习、休闲、人脉、心灵……像是抛在手上的玻璃球,在有限的时间里,面对大脑中的念头和欲望,夹杂着变化无常的情绪,一不小心就摔得稀碎,平衡支点究竟在哪里?

失衡的生命之花

我是幸运的,在 40 岁之前一帆风顺,上大学、工作、结婚、生孩子,一切都在该发生的时间点恰到好处地出现。站在 40 岁的门槛上看自己,父母健康,夫妻相敬如宾,孩子活泼可爱,工作稳定,衣食无忧,生活似乎赋予了我最完美的打开方式,我只需要乐享其中就可以了。

然而,现实却是,一颗不安分的心一直在牵引着我不停寻找,我要在工作上有所建树,掌握更上一层楼的技能;我要给孩子更好的教育陪伴;我要配得上先生的成长速度……所以我四处奔波,报各种网课,每天从早到晚各种打卡,忙忙碌碌地学习,内心感受到的却是越来越无助的"盲"。随之而来的,还有家人的质疑和抱怨。父亲质疑我整天往外跑,忙着干啥?先生抱怨我,你这天天跟着这个学、跟着那个学,没见你学出啥成果啊。我对学习的焦虑像病毒一样传染给孩子,我逼迫她读经典文学作品、练钢琴、学打球……挖了无数的坑,却没有挖出一口井。

我曾经连续 4 个月用生命平衡轮衡量生活目标,每一次画出的轮子看似平衡了生活,实际上整体分数很低,我对自己的状态有着强烈的不满。在工作上,开始滑坡;在人际关系上,开始被边缘化；叛逆期的孩子身上似乎有处理不完的问题；在休闲娱乐上的打分接近零分；就连我认为一直在持续进行的"学习"，似乎也没有发生任何改变生活状态的化学反应，内心想要对世界有所"贡献"的愿望更是无处安放。

人到中年，危机四伏，我像是一只趴在窗户上的蝴蝶，前途一片光明，却找不到出口在哪里。

生命的转折

生命的拐点，往往伴随着贵人的出现。我的拐点出现在2021年的初春，因为遇到了易仁永澄和幸福进化俱乐部。

为了不辜负朋友赠送的英雄团阅读训练营，我一改往日睡到最后一刻的慌张，在初春的严寒里开始早起。然而，改变并不是从一开始就发生的。在第一个月里，我最大的感受就是2页书永澄老师却能读出200页的厚度，可是他究竟在讲什么？他读的书跟我读的真的是同一本吗？爆炸的信息量带来的是脑袋里更加黏稠的"浆糊"。也许是我基础不好吧，所以听不懂。但我没有灰心，沉下心来坚持学习，从成就事件梳理到年目标制订，再到个人成长教练，人生的改变在悄然发生，在幸福进化路上，我的脚步越来越轻松而沉稳。

浸泡在幸福进化俱乐部两年多的日子，让我明白我对孩子的爱是一种控制，以爱的名义想要知道她的所思所想；让我感知到我每天晚上回家，父亲在我眼前走来走去的需求是交流；让我知道我在工作中畏首畏尾，是因为深埋在骨子里的自卑；让我读懂愚公移山中关于内在挑战和外在挑战的故事；让我知道要尊重自我意图，围绕挑战，在事上练心，与情绪做朋友，持续积累有效性。我在向内稳定自我的同时，还结识了一群持续在教练场域里快速成长的伙伴，看着一个个鲜活的生命活出自我的样子，我内心的渴望也不断被点燃，能力的边界开始不断向外延展。

生命平衡的新实践

• **与情绪做朋友**

教练课程第二阶段的第一课就是"和情绪一起强化自我"，通过觉察——尊重——理解，看见情绪的存在，尊重情绪并充分表达，明白情绪背后的意图，和情绪做朋友。之前，在工作上，我一直有强烈的畏难情绪，做事情追求完美，严重影响了效率，越是紧张越容易出错，需要拿主意时，左右摇摆，受到领导批评时陷入无限自责，上班似乎成了上刑。情绪卡片的沉淀让我一点点识别自己被带走的注意力，给情绪命名为"热锅蚂蚁""跳舞的小鸡""太行王屋""人参果"……在与情绪交流的过程中，我采集到一个又一个"果实"。每每感受到情绪出现，我就停留片刻，看一看是什么刺激我产生了这种情绪？当下的感受是什么？这种情绪背后想要被满足的需求是什么？一点点把注意力拉回到意图上。内心稳定后，在事情层面上我就会不断寻找办法，让问题迎刃而解。一番体验过后，我再回顾当时自己经历了什么，从中总结可复用的有效经验，给自己的品质簿上画一朵小红花。内在小我得到浇灌，一点点受到滋养，开始生长。

- **围绕挑战，事上练心**

教练陪伴式成长是我参加的各类训练营里最独特的方式。自行结对，运用教练方式，确定目标并持续围绕目标提供支持，挖掘内在品质。在我和伙伴结对的 3 个月里，她陪着我一点点探索，在不同角色里挖掘优势，积累品质，打破家庭、工作、生活、自我成长中的各类卡点。慢慢地，我发现父亲脸上的笑容多了，身上的疼痛少了；孩子开始敢在我面前撒娇；我埋藏在心里多年的小秘密，也开始告诉先生了。我整个人生活得越来越轻松。周末，我们会走出家门，一起去吃饭、一起去爬山，偶尔还会有小旅行，手机里存储的照片越来越多，生活中出现了越来越多美好的回忆。

- **持续积累有效性**

积累"宠爱自己的 100 个念头"，是我在这段人生旅程中最好的成长。之前讨好型的性格，让我总是习惯先照顾他人，委屈自己，导致内心多有不甘，经常觉得自己是受害者。美国国家科学基金会发表的一篇文章显示:"普通人每天会在脑海里闪过1.2万至6万个念头,其中80%的念头是消极的,95%的念头与前一天完全相同。"管理好这些念头就能调转人生的航向,实现最有效的改变。观念、转念、正念、定念,教会我溯本求源,持续寻找外界刺激后产生的第一个念头是什么,从中观察需求是什么,识别固有的模式,发现当下的能量状态,有意识地把能量调整到正向积极的高层级上,主动选择实现意图的有效方式。在这个持续练习中,我逐渐消除了遇到挑战时对自己的攻击性评价,用正念收集起生活中的一个个小确幸,积累出宠爱自己的宝藏。

生命的细胞在不断扩散

在幸福进化俱乐部的生态系统中,永澄老师是领跑者、是能量的源头,大家习惯称他充电宝,他迭代升级的速度惊人。个人成长教练课程在5年内,培养出300多位个人成长教练,他们个个身怀绝技,无论谁遇到什么样的困难,只要发出需求,立刻就会有一帮人跳出来帮助教练成长。没有啥是一次教练课程解决不了的,如果有,那就再来一次,就像我为这次也是第一次写作犯难时,三个伙伴帮助我,通过一次次教练过程,从不同角度一步步帮我澄清意图是什么、卡点是什么,帮助我挖掘成就事件,整合写作内容,最终让我有了这样一次对自己的回顾。我在惊叹自己变化的同时，也更坚定了要学好教练课程的信念，因为在我心中还有个宏大的愿望想要去实现——我希望有一天可以像张桂梅一样帮助更多孩子成长，用生命影响生命，绽放出绚丽的生命之花。

Joy

7天教你掌握微习惯

支持1000人养成好习惯并改变人生的习惯教练

带着相信，奔向阳光

如果从现在开始，回顾我过去三十几年的生活，我觉得改变最大的莫过于这一两年。最近这一两年对我来说，具有重大的意义。我感觉自己前三十几年基本上都是按部就班地生活：长大、上学、工作，缓慢地成长，这种状态构成了我过往的大部分人生。

而最近的这一两年对我的成长特别重要。我觉得过去所有的压力、负重和阻碍，都在这一两年逐渐变得轻盈，我像是找到了新的生命状态。

回顾过去，在我的幼年和小学时期，我最多的记忆就是努力学习，我希望能够通过学习获得更好的生活。那时候，我的家庭经济条件一般，爸妈工作非常辛苦，负担很重。平时我需要交一点费用，也要和邻居周转。

在这样的生活环境中，我内心里常常产生无奈和不满意，总是希望能够为家人争取更好的生活。因为学习成绩不错，我感觉自己似乎背负着全家的希望，自己也自然而然地将压力背在身上。那个时候，我自己似乎没有太多的愿望和期待，只是出于渴望，希望自己能为家人创造更好的生活。

当我慢慢长大，回顾大学时光时，我发现自己背负着沉重的负担和期望，我想减轻家庭的经济负担。在学习时，我无法保持专注力，总是考虑如何回报家人，赚更多的钱来改善生活。

虽然我当时有很沉重的负重感，但同时也一直带着一种初生牛犊般的莽撞与期待。因为不太了解外面的世界，所以也不太害怕，我期待着外面有一片广阔的天地等待着我去探索。

踏入职场时，我满怀期望与理想，然而，外界的种种限制与压力，很快让我前行的步伐变得沉重。

我内心一直渴望奔向更广阔的天地，却总是有一种无形的枷锁让我的每一步都如履薄冰、格外沉重。日复一日地，常常会有种挫败感涌上心头，我竭力想实现我的各种期望，却常常力不从心。内心涌起的想法没有出路，只能在心里打转，这也化为我内心沉重的负担。

我发现我的工作可能并不适合我,不能带给我乐趣。我觉得自己好像与这个世界格格不入,时常会觉得自己与理想渐行渐远,我走的道路不是我想要的。

我开始寻找新的出路,我急切地渴望可以抓住什么,却不知那个自己期待的新路在哪里。它真的存在吗?一切都是那样难以看清、难以确定。面对这些,我只好一直安慰自己,也许前面有一线希望呢?我一定要坚持,带着希望继续前行。

在这个过程中,我的心境常常起起伏伏。有时,我会有乐观、积极的一面;但更多时候,我感觉自己好像身处囹圄,无法自拔。很多种可能性在我眼前晃过,却从未有出现一个让我可以安心停留的选择。

我不知道该如何在这个迷宫中找到属于自己的一道光。内心的渴望与现实的阻隔,交织出我的困扰与焦虑。我努力寻找,但答案仍然难以捉摸,我期望自己可以在某个瞬间觉醒、突破。

在这一段寻找未来的道路上,我遇到了许多导师,持续一点一滴地学习、一步一步地向前,但我前进的速度就像是蜗牛爬行,离我的理想还有好远好远。

幸好,我遇到了永澄老师,遇到了教练课程。

教练课程像是一道光,照进了我的世界,我感觉自己周围积累的厚厚的冰在逐渐地消融,我感觉我身上那些沉重的包袱在慢慢地卸下，我感觉有一种力量在慢慢地注入我的身体里。我越来越相信，我脑海里一直期待的那个画面是可以实现的。

在教练课程的学习中，有三句话对我的触动最大。

第一句话是"你内在的英雄战无不胜"。因为教练课程，我一次又一次地看清自己的内心，我越来越能感受到自己内在的力量，我也越来越相信我想要的远方不再遥不可及，我相信可能在更短的时间内就能实现，我相信我会找到更光明、更适合我的道路。

第二句是"你的意图是什么"？这句话让我调整自己的注意力，回归到自己的意图上，我不再畏缩不前，也不再遇到挑战就被吓倒并退缩，而是向着意图前行。

最后一句是"好问题引领生命的方向"。在我们的生命中，你选择关注什么呢？如果你选择关注负面的东西、关注消极的东西、关注"太难了""我无法做到"，那么结果很可能是让自己被压制在角落里，而如果关注正向的东西、关注有意义的东西，就打开了一扇生命之门。

持续的学习和修炼让我比过去更包容自己，虽然还没能做到全然地相信，但已经比过去更加积极地处理事情，也更加积极地处理和他人的关系，敢于走出自己的小世界，尝试走向更大的世界。

同时，在教练课程的学习中，我也开始变得更加理解和尊重他人的独特性。相信、理解和尊重其他人，认为每个人都是独一无二的自己。

在我的成长过程中，我遇到了许多温暖的教练和同伴。长期与她们一起学习和交流让我对她们有了更深刻的了解，看到了她们内在的闪光品质，彼此照亮和成长。在学习教练课程时，大家相互理解和信任，互相支持与鼓励，我深深地感激这段旅程中与我相伴的每一个人。

在我的成长中，我也很庆幸遇见了语写课程，遇见了剑飞老师和其他老师。语写让我可以自由地宣泄内心的负面情绪，梳理思绪，也让我可以自由联想，在现在与未来之间穿梭。

教练和语写的出现让我更有力量，养成了许多我一直想要拥有却未能拥有的好习惯，比如教练式思考、冥想、阅读、写作、时间记录、复盘……我因为这些习惯持续成长，并向着我想要的人生前进，不会觉得很辛苦。

我希望能够以我的经历，鼓励和支持那些还在迷茫之中、在黑暗中行进的人。我想告诉你们，希望一直在前方，只要认清自己真正想要的生活，坚定信念，不断向前，现状会逐渐改变，内在力量会越来越强。坚持不懈，你也会找到属于自己的力量，发现优秀的自己。

相信相信的力量。当你选择相信，就可以从黑暗奔向阳光，从弱小变得强大，从一点点微弱的光亮长成一束温暖、明亮的光。

目前的我是一名习惯养成教练、个人成长教练，提供习惯养成及教练陪伴成长服务。我整理了过往在人生中面临失落时，可以帮助我恢复能量的一些方式、有力量的箴言，以及我持续在积累的一些指引我生命方向的好问题，如果你也需要，欢迎添加我微信来领取，让我成为你成长路上的一份礼物。

三睡

重塑销售认知、提升销售动力的销售潜能激发教练

藏在转角的珍宝——重塑人生的3个故事

在故事开始之前,请允许我问一个问题:在你的人生中,有几次关键的转折?

或许你会说,没有啊,我的人生没有什么关键转折点,平平无奇、没有波澜。

是吗?不太可能哦。我帮几百位朋友和来访者梳理过他们的人生,我发现,无论他们觉得自己的人生多么平庸、普通,当我们一起回顾时,仍然会发现各种各样的人生转折点。可能是小时候不小心掉进河里,幸亏姐姐大声呼救,幸运地被路人捞起;也

可能是高考时考出了一个完全在意料之外的成绩；可能是在人生最低谷时，得到了来自陌生人的鼓励；也可能是换了一个领导或者工作，开始了一段新的生活；可能是与另一半的邂逅，从那一刻起，人生从此不同；也有很多女性告诉我，生孩子是她们人生中的重大转折，不管是为了做孩子的榜样而变得更坚强、独立，还是觉得丢掉了自我，痛定思痛后重新开始爱自己。

每个人的人生都是由一连串的故事组成的，起承转合、高低错落、有悲有喜、有笑有泪。我的3个故事，改变了我的人生。

第一个故事

和很多人一样，我人生的第一个关键点是高考。

我大概就是某些人说的"小镇做题家"吧。我出生在一个重男轻女的小镇家庭，由于妈妈生了我这个女儿，所以一直被其他亲戚看不起。妈妈也是重男轻女的受害者，她考上了大学，在那个年代是非常难得的，但是她的父母亲要求她放弃上大学，去工作赚钱，供没考上的弟弟复读。妈妈一直很遗憾自己没能上大学，所以她总对我说："你要好好读书，要证明给他们看，女孩子可以比男孩子更有出息。"就这样，带着妈妈的期盼，我一路从镇里的小学考到市里的重点初中，又考到省城的重点高中奥赛班。

但是，进入奥赛班的我面临着前所未有的挑战，我不再是理所当然的第一名，我的同学中有各种天才，还有超前学完高中三年课程后，开始学大学化学、物理的人。遭遇挫折的心理落差，再加上离家寄宿的孤独、缺乏监管的放任，让我开始放纵自己。我进了生物组，准备了两年奥赛，却没有考出好成绩。到了高三，我发现我需要补齐三年落下的所有的功课冲刺高考，而这时距高考已经不到一年的时间了。

那是一段怎样的日子呢？我现在还能记得试卷上鲜红的分数和红叉，还记得老师宽容但又无奈的表情。最开始我的数学是96分（满分150分），我安慰自己，好歹算是及格了，但是上初中时，我可是全市状元，妥妥清华、北大的苗子啊，而此刻我的分数是否能上一本线还是个问题。

对自己失望吗？肯定的。绝望吗？也曾经有过。但是在反复痛苦、自责过后，我认识到，只有自己才能拯救自己。我开始刷题，从高一的题开始刷，一个一个知识点地过。物理是我最差的一门科目，我买了一本厚厚的高中物理题典，从头到尾每一道题都认真做，不会的就请教老师和其他同学，直到全部弄懂为止。高三下学期的每个晚自习，我几乎都在死磕物理。最后高考的时候，理科综合的最后一道大题就是物理题，很多平时物理好的同学都做错了，而我物理一分都没有丢，最后以638分的分数，考上了一所211大学的热门专业。

从那时起，我明白了一个道理：任何事情，我只要下定决心死磕，就一定能学会，一定能做好。

当你在低谷期的时候，没有人能够帮你，能帮你的只有你自己。不论多么绝望，你必须振作起来、面对困难。只要你振作起来，困难一定可以克服，你要投入的就是时间、决心和勇气。这成了我人生最基础的信条，也是我后来遇到大大小小的困难和挫折时，心里始终不灭的微光。

第二个故事

上了大学，我当然很开心，但是我的家境不算优越，因此我一边读大学一边打工，做过学校的勤工俭学、做过家教，当然也尽力争取学校的奖学金。长期节俭的生活，让我养成了精确计算生活成本的习惯。为了支持我上学，爸爸更努力地打工，妈妈也省吃俭用，他们的付出更加让我觉得，花钱满足自己基本生活需求之外的是一种奢侈，所以我一直觉得追求最高性价比是一种美德。比如说，买东西一定要货比三家，不，三家不够，要货比五六七八家，恨不得把市面上所有的产品都比一遍。经常会因为一点点价格的差异，就退而求其次，选择不是自己最想要，但是也能满足需求的那一个产品。

本科毕业以后，我选择了工作，尽可能减轻家里的经济负担。也就是那几年,家里的经济条件慢慢变好了些。2009 年,我考上了清华的 MBA,并于第二年去纽约大学斯特恩商学院做交换生。在纽约,我认识了一个神奇的朋友 Nori。

想不注意到 Nori 都不行,因为他实在太显眼了。在纽约大学做交换生的第一天,所有的交换生见面,他坐在轮椅上,瘦小的身型让人想到霍金。Nori 是日本人,因为从小得了一种奇怪的病,骨头非常脆,很容易骨折。据说他从小学二年级跑步跌倒导致骨折之后,骨折就越来越频繁。他的骨头无法支撑身体的生长,因此需要通过手术,在他的身体里(主要在腿部)植入钢板,帮助支撑身体的重量。随着他的成长,每隔一段时间,他就要重新手术,拿出旧的钢板,换上长一点的新钢板。他已经记不清楚自己到底做了多少次手术,只记得他的童年几乎都是在医院度过的,躺在病床上不能动,妈妈一周才能来看他一次,每次在周日上午待半天。他说他最不喜欢周日下午,因为每当妈妈离开,剩下的整个下午他都是在哭泣中度过的。

知道 Nori 的故事的时候,我很震惊,而当我得知他是独自一人来纽约交换半年的时候,我更震惊。且不说人生地不熟,对普通人而言,到一个陌生的地方学习、生活半年都是很大的挑战,更别提是一个行动不便的人。要知道纽约的地铁很老旧,根本没有电梯,每天来上学,Nori 都必须坐轮椅到地铁口,然后在楼梯边等待,在其他人路过的时候请求帮助,请热心人帮他把轮椅抬下去，他扶着楼梯扶手一点点往下挪，再坐回到轮椅上，出地铁时亦然。遇上刮风下雨，那就更加狼狈了。但是，即使这样，他除了坚持上学，还每周两次从曼哈顿岛辗转到遥远的法拉盛去学习声乐，因为他会弹吉他，和朋友有个乐队，而乐队的主唱最近离开了，他需要顶上。他还会利用周末的时间，和同学们去看展、去听摇滚和爵士、去其他城市旅游。任何时候见到他，他都非常优雅，穿着挺括的衬衣、很有品位的外套，戴着精致的领带或者围巾，皮鞋擦得锃亮，脸上永远带着微笑。

我经常和 Nori 聊天，也经常问他："值得吗？克服这么多困难漂洋过海来读书，值得吗？""每周花大几百元美金、8 个小时在路上，就为了上两节声乐课，为了一个连正式演出都没几场的小乐队，值得吗？""和我们一起去旅游，买同样的门票，分摊同样多的费用，但是很多景点因为身体原因到不了，只能在停车场附近转悠着等我们，值得吗？"Nori 笑笑说："有什么值不值得的呢？我想要一样东西，我又能做到，那我就去做。只要是自己想要的，花费再多代价，得到了就是值得的。生命如此珍贵和短暂，我们能抓住的东西不多，想要的就要抓住，不要留下遗憾。"

那一刻，我忽然醍醐灌顶。对啊，我总是在计较怎样是更好的，如何选择才是最优解，也会为了省钱或者怕麻烦而妥协或者委屈自己。但是，就因为这样的斤斤计较，可能我会错失那些对我来说很重要的东西。生命只有一次，我们必须按照自己的想法活，才不枉费这仅有一次的生命，不是吗？想做的事情，如果能负担得起，就去做。生命在于体验。你永远不会因为做了什么而后悔，而会因为没做什么而后悔。这成了我人生的第二个信条。

第三个故事

从清华毕业之后，我继续在原来的公司工作。到 2016 年，我在这家公司工作 7 年了。我在这家公司刚创立时即加入，是这家公司的 1 号员工。由于老板在美国，所以几乎所有中国分公司的开办都是由我负责的，包括公司的注册、人员的招聘、办公室的选址和装修、日常的运营和管理等等。我把公司当成自己的孩子一样，为它倾注了很多心血和努力。2016 年，公司的发展终于稳步向好，也搬到了一个更大的地方，我也拥有了自己的独立办公室。就在一切看似越来越好的时候，变故来了，老板的妻子开始介入管理工作，并和我在管理理念上产生了分歧，我被要求离开公司。

放在今天回头看，这是很多企业都在反复上演的戏码，不稀奇，但是对于当时的我来说，被要求离开自己付出了 7 年心血的企业，这是一种莫大的羞辱和打击。而在这节骨眼上，我发现我怀孕了，有了二胎。心理和经济上的双重压力袭来。在那段时间，我都不敢告诉家里人真相，只能说怀孕了上班太累，想休息休息，然后假装没看到家人们或关切、或质疑的表情。我不断地自我怀疑：是因为我做错了吗？是因为我不够好吗？我还能找到更好的工作吗？我能负担得起两个孩子的生活和教育吗？

但是我想，我必须做点什么。过去从低谷中走出来的经历，这时成了我信心的来源。只有自己才能帮助自己，相信一直努力下去就会成功。因为我正在怀孕，所以再找一份工作是很难的，于是我调整心态，把接下来的半年当成自己的休整期，趁机做些一直想做但是没有时间做的事情。我大量阅读、自学日语、学习心理学和时间管理，同时我也开始兼职，利用以前在北京趁早读书会做微信公众号编辑的经验，为一些小品牌做日常运营和供稿。二宝出生之后，我在哺乳期就报名参加了时间管理和职业生涯规划的培训，并开始尝试成为一名咨询师和培训师。我一边喂奶一边写作业，一边哄睡一边戴着耳机听课，等晚上两个孩子都睡着了，抓紧时间整理每天学习的内容或者写第二天要发布的文章，这是我那段时间的生活常态。

2016年是知识变现元年，在那一年，我加入了最早的付费社群，慢慢接触了 Angie、古典、行动派琦琦、彭小六、秋叶大叔、永澄大大、海峰老师等知识 IP 大咖，从最开始的听课，到担任分享嘉宾和平台授课老师，再到建立个人品牌，做职业辅导和商业咨询，很快，我的月收入就超过了之前，然后是之前月收入的 2 倍、3 倍……赚钱当然是件值得高兴的事，但是我最开心的还是在这个探索的过程中，我找到了自己热爱的事情，就是帮助他人和组织获得更好的成长和发展。我找到了一件值得用一辈子去做的事。

回首那个被要求离开公司的时刻，现在的我很坦然，甚至感激。坦然是因为，我不再需要靠别人的认可来肯定自己的价值。我明白了，被要求离开并不说明我不好，而是两种价值观无法契合，我和原来的企业不再合适。感激是因为，如果没有当时这个转折，我可能就没有机会找到自己热爱的事情，发掘自己的潜力，看到更加广阔的世界。危机，就是每次危险中蕴藏的机遇。在人生的游戏中，你费尽力气得到了一个"道具"，也许你现在不知道有什么用，但在未来某个时刻，你一定会发现命运之神的深意。

人生没有白走的路，每一步都算数。在生命中，该是你的自然会来。放松地做自己，接纳自己，像对待你的孩子那样养育自己、爱自己。你无法控制别人，能控制的只有自己。你无法赢得所有人的喜欢，你只需要活出自己生命的精彩。

好了，我的故事讲完了。第一个故事教会了我，面对困难，"死磕"就能成功。第二个故事告诉了我，不要纠结和犹豫，有梦想就去冲。第三个故事告诉我，不用获得所有人的认可，不必紧抓着自己失去的东西不放，那只是世界的狭小一角，转过身，你会发现，世界有着海阔天空的美好。

我把我的故事分享给你，是因为这些故事给了我力量，改变了我，我也希望把这份力量传递给你。我相信，如果你能认真回首自己的人生，你也会发现那些藏在转角的珍宝。也许是一个失眠的夜晚，也许是某个独自痛哭的时刻，也许是一次鼓起勇气后做出的决定，让你成为现在的你。它们会告诉你：不要害怕，向前走吧，你会找到自己的路。

阿风

幼儿英语活动设计师

全职宝妈热爱变现

想要重返职场,却意外怀孕,我陷入抑郁

在 2016 年国庆节假期,我按计划成功给宝宝断奶,异常地开心。可是当我沉浸在可以重返职场的喜悦中时,却在一个阳光明媚的上午,意外地发现自己又怀孕了。

要还是不要?原本计划只要一个孩子的我陷入了纠结:一方面,我不想要他,因为他的到来打乱了我重返职场的计划,意味着我要再过三年全职妈妈的生活；另一方面，我非常害怕去医院吃药或做手术，我连想都不敢想。

于是，在纠结中，我陷入了产前抑郁。表面上，我如往常一样陪着老大，可是心里，我一直沉浸在不想要老二却又下不了决心打掉他的矛盾状态中。有时候，我希望由老天来决定他的去留。

有一次，我和朋友一起，带着宝宝上早教班。他已经三岁多了，非常沉，而我依然从很高的地方把他抱下来，朋友非常犀利地指出了我内心的阴暗想法，"你到底想不想要这个孩子？如果你想要他，就好好保重自己；如果你不想要他，就早点放弃"。

老公和婆婆都秉持着非常开明的态度：你要，我们就养；你不要，我们也接受。就这样，决定要我一个人下。我无处诉说那种纠结，没有人能够理解，大家觉得只是一个决定而已，但是对于我来说，那是一个生命，也关乎着我一辈子的职业生涯规划。如果再要一个孩子，再带3年，我就30多岁了，我不知道脱离职场6～7年之后，我还能做什么？但是我知道，要想脱离这种痛苦，我必须要走出去。

无奈重新关注自我，加入拆书帮，提升能力

好在老公虽然不理解我的痛苦，但是他不会用家庭和经济条

件来约束我。我开始有意识地关注周边的社群活动，只要有时间，我就去参加各种读书会、插花课堂、父母课堂等。慢慢地，我开始意识到自我的重要性。

从小到大，我学习和工作是为了让父母过上好日子。结婚以后，我一直围着孩子转，甚至连水果都得等孩子吃完之后，我再吃。

2017年上半年，我在一次上父母课堂的时候，遇到了两个同频的朋友，她们也希望有所成长，于是我们三个人一拍即合，组成了三人行团队。我跟她们说，我们成长的第一件事情，就是把自己的名字改回来，于是我们三个人都将微信名字从"××妈"改回了自己的名字。每周三，我们都会聚会，聊一聊家里的大小事情。内心的焦虑和不安，终于有了释放的机会。但是这种和谐的日子只持续了一年多，就被朋友去北京的计划和我上班的计划打乱了。

这时，我刚好在微信公众号里看到一个老师分享的一篇文章，介绍了一种系统的读书方法——拆书法。我就在想，自己工作挣钱不多，带着孩子也没法去其他地方参加培训，那么是不是可以通过读书来提升自己呢？我就报名了训练营并加入拆书帮，深入学习拆书法。10个月后，我从一名默默无闻、在三个人的场合做自我介绍都会脸红的小白变为一名三级拆书家，可以在十几个人的场合去分享自己的观点。我的抑郁情绪，因为拆书帮伙伴们的陪伴而减少了很多，自己也因为能力的提升而变得自信了很多。在2019年年初，我毅然辞职，开办了一家英语绘本馆，专门教幼儿园和小学的孩子学习英语。

好景不长，刚刚创业1年的我迎来了疫情，挣一分钱就花一分钱的我和老公没有一点存款，我们不知道创业要不要继续下去。2020年是艰苦的一年，老公不得已去北京工作，我一个人在家带两个孩子，奔走在各个培训机构和幼儿园去面试。

此时，迷茫的我，有幸遇到了三个贵人：一个是拆书帮的安晓辉老师，一个是做了十几年目标管理的永澄老师，一个是赛美火星财团。他们教会了我，要提前规划自己的人生，一步步推进自己的梦想，30多岁的我第一次有了掌控自己人生的感觉。我找到了理想的工作，老公重新创业，事业慢慢上升。可是，在一次午后溜达的时候，我却突然陷入了迷茫，不知道这样奋斗的意义何在。

不知奋斗的意义，通过学习教练开始自我探索

当时恰巧碰上永澄老师过生日，给永澄老师录制生日祝福视频的伙伴，同样收到了永澄老师的心意——他带我们做ikigai探索，我第一次从被动的内在干扰到主动的内在探索。尝试到内在探索的甜头之后，不顾老公的反对，我用刚刚攒到的两万块钱给

自己报名了个人成长教练课程。每周三次，我在早上五点到六点半蹲在厕所，和小伙伴们对练教练，然后在七点的时候准时坐车去北京上班，就这样坚持了半年。

第一次做教练探索的时候，在大家看来热情似火的我居然把自己形容为"行尸走肉"。经过半年的探索，我慢慢找回了当初怀老二时丢失的那颗心。身边的朋友也说："阿凤，你变得柔和了。"我慢慢有了力量去支持自己，并开始有意识地用教练方法支持别人。有一次，一个创业伙伴遇到了难题，跟身边的十几个朋友聊了十多天，都没有聊明白，但是通过在我上班路上的一个小时教练开导，他自己捋清了内在的干扰因素，找到了创业的方向。

创业助人

工作正在上升期的我遇到了国家政策的变化，从事线上英语教培的我遇上了"双减"，被迫下岗。

是回家创业，还是换个单位继续工作？在咨询了身边朋友和做了自我教练探索之后，我很快就做出了选择——回家创业，一方面可以陪伴孩子，另一方面可以帮助因英语启蒙而受苦的家长。

从知道到做到，还有很远的距离，最大的挑战依然是来自内心的恐惧。这时，老天又给我派来了一位贵人——思辰。在他的支持下，刚下岗的我在第一个月就顺利开启了自己的英语启蒙训练营，赚到了第一桶金，这给了我极大的信心。

到现在，距离我创业已经过去了1年半的时间。在这段时间里，我有过跟大家认真推荐自己的课程却被拒绝的失落，也有过不知前路在何方的迷茫，但是每一次都能在教练（雨悦、夏花、小麦、未来、鱼叔、红红等）的支持下站起来，我很开心。

截至目前，我开发了系统的英语启蒙课程，招收来自全国各地的学员，见证了他们的飞速成长。比如，一个5岁的孩子从英语零基础，到现在可以自己制订学习任务、阅读英文原版故事。

未来，我的理想是在教练的基础上打造一个家庭成长中心，包括财商、健康等各种课程，但更多的是各个专业老师的教练式陪伴。我们不贩卖焦虑，而是通过陪伴来帮助家长慢慢变好。

成长心法

回顾自己这几年的成长经历，我总结了4个成长心法，分享给同样渴望成长的你。

- **成长＝能力×能量**

当自己的能力不足时，找到自己认可的团队/圈子，踏踏实实地提升自己的技能，这会大大增强自己的自信心和行动力。

在能力提升到一定程度后，必须关注自己的能量，开始内在探索，活出更加精彩的人生。

- **自律不够，他律来凑**

当你觉得自己不够自律时，积极主动地找到身边价值观相同的圈子，花精力、花时间甚至花费金钱，成为这个圈子里有影响力的人物。当你站在金字塔的顶端，当你享受了别人的鲜花和掌声，你便没有了摆烂的理由。

- **持续探索，活出自我**

你内在的英雄战无不胜，你拥有解决问题所需要的一切资源。如果你现在遇到了挑战，无法解决，那是因为你被挑战遮蔽了双眼，还看不到自己的"宝藏"。多找跟自己同频的教练聊一聊，你会发现一切都变得豁然开朗了。

- **结交贵人，成为贵人**

对于曾经帮助过自己或自己认可的老师，让老师以你为荣。只要有机会，就宣传老师对你的帮助。

对于自己看重的新人，多多支持和帮助他们，成为他们的贵人，把老师给你的爱传递下去，让更多的人因你而变得更好。

就像《你要如何衡量你的人生》一书中所述的："上帝衡量成就的唯一标准是以个人为单位的。当许多人以总体加法统计的方式——比如人数、获奖文章的数量、银行里的存款等来衡量人生时，对我来说，**人生中最重要的标尺却是每个我帮助过的人，**

他们能够成为更好的人。 当我与上帝对话时，我们的谈话关注的是每一个个体，包括在我的帮助下强化了自尊心的人、强化了信念的人，以及减轻了痛苦的人。我是一个做好事的人，无论我的工作是什么。这些都是上帝评价我的人生时的标尺。"我希望用自己绽放的生命去影响别人生命的绽放。现在，只是个开始。

周佳

家庭教育赋能教练
教养家社群主理人
亲子阅读疗愈师

从旧模式中毕业,做关系中的大人

当了妈妈后,我最关注的话题便是育儿。为做一个称职的妈妈,我学完亲子沟通的课程,又报名学儿童内驱力……

我即便学了这么多理论,但仍有让我忍无可忍的时刻,比如,孩子做作业拖拖拉拉,讲多少遍都不理解,一说就哭;又比如,俩娃上一秒情深似海,下一秒忽然玩着玩着就打起来……

随着两个孩子的长大,我发现,耐心会告罄,爱意会消失。在养育上的挫败,令我对自己充满怀疑和自责:我怎么这么差劲呢?我怎么又进入吼叫——后悔——想道歉却说不出口的死循环里?

我明明想改变,却没有行动起来。有一天,我看到了儿子写的一篇日记。

从"炮仗猪"变成"好猴子"

炮仗猪,是我给妈妈起的新名字。

因为她一生气,就像火力十足的炮仗猪,一点就升空,然后嘭地炸了。

昨天,她因为我不午睡,对我点了炮仗似的大吼大叫。

很多时候,我很爱她,但在这种时候,我对她是生气的。我纳闷她为什么不用对乐乐的语气来和我讲话。乐乐是小猪,他爱打我;妈妈是炮仗猪,她爱说我。

我和妈妈约好:如果她不乱说我,我还是会给她机会。不乱说我一次就奖励她一次惹我生气后原谅她的机会;她连续三次不发火,就奖励十次机会!

希望我妈妈变成一只好猴子。当她生气时,能过来抱抱我,说:"我爱你,雷雷。"

读到这篇日记的我惊呆了!

当孩子的内心毫无预兆地、直白地展露在我眼前时,他的那份心声——希望妈妈从"炮仗猪"变成"好猴子",又燃起了我想成为一个温柔的全新的妈妈的渴望,又有了动力去努力学习和改正。学什么呢?在不确定中,我接触了教练技术。

我要成为魔法妈妈!

有一天,我加班到挺晚,一回家就感受到家里的低气压。我心里咯噔一下,想着发生了什么?

我问家人,他们个个都板着脸,冷冷地说:"你问你儿子。"我压着火,调准枪口问孩子。他怯怯地拿出一支马克笔,嗫嚅了半天也没说明白。

家人看不下去了,噼里啪啦地补充说,这不是他的东西,但他带回来了,这说明什么?

我内心冒出的第一个声音是"偷!"我心中的怒火更难以抑制了,愤愤地想:这是品质问题,这孩子怎么能这样做呢!

"他这样做是小偷行为!"我没说出口的话,家人直接说了出来。当下,我反而冷静了,我选择请家人出去,留给我和孩子单独的空间。没想到,我俩这一聊天就聊了近一个小时。

当时,他哭得上气不接下气,说想抱抱,还嘶哑着嗓子哭喊道:"妈妈,我害怕。"以往,我的做法是怒斥他,"你都多大了,也不是两三岁的孩子,抱什么抱"!这次,我轻轻抱了一下他,接着问出了我的疑惑。

"一直听你说害怕,你害怕什么?"我咽回一句话,没问是不是害怕我们批评他或打他?

"我也不知道,我就是害怕。"

"你为什么拿人家的笔?"听他说不知道,我气不打一处来,直接奔向主题问道。

"我也不知道,呜呜呜。"

这一幕熟悉吗?又陷入了死胡同,我暗暗深吸一口气。

"你现在身上的感觉是什么样的?"

"没什么感觉,我害怕。"

"那妈妈换个问法,你的害怕看起来像什么?"

"我不知道像什么,我只知道害怕小米和老师知道。"

"嗯,那假如他们都知道了,你还会害怕吗?"

"呜呜呜,我不想他们知道,他们知道了就不喜欢我了。"我长舒一口气,终于打开话题口子了。

"不想他们知道什么呢?"

"小米的笔在我这里,我想明天上绘画课时放回去。"

"他的笔怎么会在你这里呢?"我没忍住,又着急了。

"……"一阵沉默,他一直偷瞥我。我观察到他的表情细节,默默深呼吸,尽量管住嘴,只是静静地看着他。

"其实他也用我的,这个我没涂完就放学了,我想涂完再给他。"

"嗯，然后呢？"

"他这个是丙烯马克笔，我之前跟你说过好几次了，你都说家里彩笔很多，不用买，我自己没有就得用别人的，老和他换着用。"

"妈妈听你说这个是丙烯的，和家里的水彩马克笔不一样，是这样吗？"

"是，这个涂起来不一样。颜色好看，不透纸，还能涂在杯子上……"

这个时候，我才看到他内心深处的意图。这个事不是突然发生的。数月前，他向我要马克笔，我认为不能惯着孩子，同样的东西没用完是不允许买的，便粗暴地打断了他的想法。

这次，在一问一答中，孩子慢慢恢复了平时活泼的样子，我们开始商量如何勇敢地面对害怕的心理。我们加了小米妈妈的微信，在视频里向小米道歉并解释了事情的来龙去脉，小米说："我们是好朋友，我知道你拿了在用啊，你用就行。"这样，儿子彻底如释重负，把害怕扭转为爱和自信。

睡前，儿子说："我喜欢妈妈，妈妈像是变了一个人。"

儿子觉得他又可以做警察、做消防员了，因为他不是小偷。听到他这个想法，我惊讶于原来认真地倾听有这么好的效果，同时产生了顿悟：我通过孩子看到了我的闪光点，原来我身上的改变已经发生了——我能够用所学的教练技术，把以前育儿关系中的"魔性"时刻变成"魔法"时刻,这给我带来了极大的自信和滋养。这种魔力我想继续提升,我想成为能赋能孩子的魔法妈妈!

旧模式的毕业之旅

如何能够让教练式育儿持续发挥作用,为亲子关系创造更多的魔法时刻呢?在那一次半知半觉地尝到甜头之后,我开始向这个方向思考。

我把我的疑惑、疲惫、绝望拿出来,在教练场域中进行了一次又一次的探索。在这里有种可以畅所欲言的安全与信任,因而有了更多的惊喜发生在我身上。

第一个惊喜:层层剥开愤怒,重新感受爱和尊重。

当我描述了一大堆事情后,老师四两拨千斤地来了一句反馈:"提到爱生气、爱发脾气,你是笑着说的呀。"我愣了一下,后知后觉地有了新的发现,怒火熊熊燃烧、气不打一处来、大吼大叫拿孩子撒气,这个模式太熟稔了,我不用花力气去选它,它会在第一时间冒出来。对,它会给我带来什么好处?为什么我总会选择待在这个模式里?

这是一份"作业",我写了好几个版本的答案。

我试图问过来人,找参考答案。一种答案是声大有理,通过发火，我想让别人和自己都认为我是对的；还有一种是我已经生气了，你们就不能批评我了。

即便得到了这样的答案，我头脑里觉得有道理，但心里依照没感觉，只要遇到一点就炸的关系考题，我仍不会解答。

有一次，星星帮我做教练练习时，我看到了一个"班主任"的形象：这个角色对"我"超级严苛，雷厉风行；生命就要争分夺秒，犯过的错不能再犯；女孩子不能哭，靠成绩说话……

当这个形象清楚地被我看见时，我感受到那种熟悉的窒息感。我看到了发火的原因，自己对孩子往往和这"班主任"一样：我无法忍受他上学磨蹭、迟到；我无法忍受一个题我说了无数遍，他还不会；我无法忍受一个男孩子特别脆弱地哭喊着要妈妈抱抱……我也成了那个让我惧怕、厌恶的"班主任"。原来，所有的答案都在我自己身上。

一开始挖掘自己的感受是笨拙的、陌生的，但很释放自己、理解自己、接纳自己。后续经过多次的深挖，我看到了更深层次的需求，我原来在暗暗较劲，我想要向周围的人证明自己不比男孩子差。在较劲的背后，我还有一个更大的需求：我渴望我的付出被看见，渴望自己的价值能够被尊重，渴望拥有更多的爱。

一切的"究竟"被我找到后，我明白自己和过去已经告别了，我走在了一条更好的路上。

第二个惊喜：在养育的小事中，越来越爱上自己。

通过探索，我发现爱不在于对孩子的掌控、对家庭的"我说了算"，爱在自己心里，平安、喜悦都在自己心里。

我变得越来越能成为自己情绪的主人。当我和孩子冲突乍起时，我会默念"魔法咒语"：猴儿猴儿，没关系。这句咒语对于我而言，我并不是想成为佛祖，通过压制猴子教化他，而是希望用佛的慈悲去对待自己的孩子，包容他，引导他。

我变得越来越会好好说话，把欣赏与嘉许运用在日常生活之中。最近刚刚发生了一件小事，我跟儿子路过一个高考考点，我提议一年级的儿子用诗为高考考生加油。我想到一句："祝高考学子'春风得意马蹄疾，一日看尽长安花'。"我儿子接的是："祝福大哥哥、大姐姐'劝君更尽一杯酒，西出阳关无故人'。"以往，我会直接纠正他，说这是送别诗，并趁机讲一堆道理。这次，我脱口而出地夸他："你说得对，这是收到录取通知书，要报到了，在升学宴上能和大哥哥、大姐姐说！"孩子很开心，想知道当下这个情境还能用什么诗，于是我又找了几句，我俩现场学起来："桃花直透三层浪，桂子高攀第一枝""持将五色笔，夺取锦标名"。这种事情变多了以后，亲子关系得以重建。

唤醒爱与相信，做关系中的大人

当得知有机会将自己的变化分享出去时，在整理的过程中，我产生了一些感悟。

本质的改变离不开认知的更新。升维认知，并不是靠一个有智慧、权威的人来指导我们，而是在诉说和整理的过程中，自己跟自己讲清楚。

我学过很多课程，那些拿来即用的方法没有错，打架的不是各种育儿理论，而是我的思维模式、我的固有认知。

当我解开一段又一段关系中令人不愉快的疙瘩时，这一次次的行动聚沙成塔，让我看清了什么是魔法时刻？借用黄仕强老师的一句话，"每个孩子在成长过程中，父母都应该为孩子提供一件'隐形的披风'。"我想我已经在织就这样的披风，盾牌形状的。在人际关系中，我可攻可守：攻乃创造轻松的、安全的环境，守是能从自然反应、惯性处理中刹住车，用更具智慧的方式处理关系中的冲突。

在亲子关系里，当我有了一个新的开始，我能预见我正在创造新的未来，这是我所感受到的重塑人生！

第四章
突破困境

简一

职场新人成长发展教练
自主型孩子养育陪跑教练
个人成长教练品牌课联合创始人

从心出发，用教练突破人生的困境

困境与挣扎

6年前，我生完二宝后，因为需要照顾家庭而选择了成为全职主妇，我想在照顾孩子之余，开展一些副业。

没想到副业还没见起色，家里人却因为我不上班、没有固定收入而慢慢发生了一些心理上的微妙变化。在一次和公公争吵后，我和公婆的关系渐行渐远，最终再无来往。老公夹在其中，试图调和，不仅无果不说，我和老公的感情也因为公婆的影响而备受考验，最终几乎破裂到准备离婚的状态。

彼时，我考虑到万一离婚，我想获得两个孩子的抚养权，于是在极短时间内找到了一份有稳定收入的新工作，同时也增加了在副业上的精力投入，保证自己的收入。

但是，忙碌的工作让我对孩子的关照不足，尤其对大宝，陪伴他的时间和耐心越来越少，更多的是简单、粗暴的指令，有时还会动用武力来解决问题。大宝的状态越来越差，他变得更加倔强，也开始叛逆。在一次批评他时，面对他的倔强顶嘴，我怒不可遏地抄起了擀面杖，没想到被他一把夺了过去，还把我推了个趔趄，当时我吓得心里一惊，甚至感到了恐惧。

此后，我虽然没有再对他动手，但是指责并没有减少，我无意识地把很多自己无法消除的家庭关系的压力施加给他。在这样的环境下，他差点做出过激的行为，事后想起来，我既后怕，又心疼不已。

作为一个希望能科学育儿的妈妈，大宝的这些情况让我意识到我必须改变。

我用了一个暑假，每天用学到的情绪按摩疏导的方法，通过和孩子肢体的亲密接触，减少孩子内心的恐惧和压力，他情绪不稳定的行为日渐减少。

我参加21天读写说训练营、目标管理训练营，还上其他管理类的课程，我希望通过这样的学习提高自己的能力，从而在工作和生活中更加出色。每天，我都花费大量的时间和精力学习，挑战自己的极限，希望能够在学习中找到一些安慰和力量。

我曾经遇到了很多困难和挑战。在工作和生活之余，我需要每天阅读一本书，还要挤出时间来录音。虽然自己已经很努力了，但是看到和优秀的同学们之间的差距，我不由地陷入了深深的自我怀疑，多次打起了退堂鼓。在学习期间，我还不被家人理解，说我学习这些有什么用，还不如多花点时间管管孩子……

然而这些都没有让我放弃，我希望自己的生活能有所改变，而改变不是自然而然发生的，如果我还是用之前的方式，那就无法取得我想要的结果。

这些学习中的经历以及学到的知识和技巧让我重新认识了自己，找到了自己的方向和目标，工作效率提升了将近10倍，并且把所学的目标管理知识与工作要求相结合，开发了内训课程，带领团队在工作流程和方法上进行优化，取得了不错的业绩。

挑战与新生

看起来一切都在慢慢变好，我和老公的关系得到缓和，工作业绩不错，大宝也没再出现之前的情绪问题。

但是工作一年半后，我就遇到了瓶颈，进一步提升的空间几乎为零。先是遇到了职称评定的不公正待遇，之后又在一次棘手事件中，差点被推出去做"炮灰"，虽然最后我将事情圆满解决了，但是内心依然不平静。

为了获得更好的职业发展，我调整了工作，与生二宝离职前的工作内容有一些相关性，但需要做较多整体规划以及需要与员工深度交流。

新的工作职责让我感到有一些吃力，我能把自己的事情做得很好，但是如何去做更大项目的统筹规划、如何去与部门员工有效沟通，尤其是制订和推进有效的新员工入职前后的系统培养计划，以及激活资深员工的工作热情，让我很是为难。

这个时候，我了解到之前跟着学习目标管理的永澄老师还开设了个人成长教练课程，它是通过积极聆听、理解对方的真实意图，用对话和提问的方式唤醒觉察，使其从负能量的状态中快速找到自我、挖掘天赋。

我从之前不断地遇到问题，解决问题，没有什么长进，转变为关注内在的需求，停止自我内耗，去帮助和支持有需要的人。

以前说"学习"只是停留在头脑里，而教练课程让我用全身心去感受客户的需求。

教练学习带给我的感觉是内在的苏醒：终于想要站起来往前走了，终于要去想一想我要成为什么样的人。在现实中，依然会有这样或那样的事情困扰着我，但我只想朝前走，那里才有我想要的高山、大海、广袤平原。在不断攀爬的过程中，我的四肢会变得强壮，会让我觉得更有力量，我的头脑也会变得更加的灵活。

我内心有这样的声音：过去的种种已被我抛在身后，可能会影响我，它们就像河流中的礁石，不能完全阻挡水流奔腾的趋势，流水会一直奔向大海。在流动的过程中，这块阻挡的岩石会被冲刷得越来越小。

教练技术不仅让我的状态变得更好，也让我的工作更上一层楼。这两年来，我使用教练技术来制订和推进新员工的培养计划，跟进他们的成长情况。在他们遇到困难的时候，我就像是一个提灯人，站在路边为他们照亮前行的路。

小 M 是 2020 年入职的员工，在入职培训期间遇到了至亲的离世。好强、倔强的她一方面承受着亲人离世的悲痛，另一方面要应对学习重任和工作上的压力，疲惫而憔悴。我每周跟她交流工作和生活情况，在她遇到困难时，用教练技术支持她，让她看到内心的力量。

在小 M 之前，有三位负责该岗位的员工在半年内相继离职。她所接手的工作繁杂、琐碎，需要向上级领导汇报、与平行的多个业务部门沟通、跟进，这些对于初入职场的小 M 而言都是不小的难题。在入职不到一年时，她就遇到了一个公司级大项目的投标，还是新人的她承受了前所未有的压力，经常在电话中向我哭诉各种困难。在那段时间，我密切关注她的状态，倾听她的心声，支持她根据自己的目标，突破困难。"当感觉走得吃力的时候，说明你是在上坡。"在一次交流中我说过的这句话，已经成为她在工作中遇到挑战时坚定前行的信条。一路走来，她成为这几年成长最快的新人。

小G是2021年入职的员工，工作内容涉及与多个部门的沟通、协调。刚开始时，他不熟悉工作流程和系统，还会遇到其他部门的人不配合输出的情况。在交标前，他屡屡熬夜加班，但还是免不了出现各种疏漏。在几次考核都垫底之后，我和他多次沟通，不同于其他导师直接跟他说要怎么做，我使用教练技术的积极聆听、对话和提问的方式，使他从负能量的状态中快速走出来，找到自我，发现自己的独特品质，并创造价值。现在的他回到了家乡，入职了本地一家行业龙头企业，开始负责某个区域的国际项目，带着自己的目标再出发。

小Z是2022年入职的员工，稳重、细心，但是学文科出身的她在处理涉及产品技术、数字逻辑的问题的时候，遇到了很多的困难。在新员工转正答辩时，甚至有评委给出了最严厉的评价——不适合这个岗位。我和她交流时，她委屈得都快哭出来了，但是这并没有打倒她。我使用教练技术支持和陪伴她一次次探索，逐步找到了她的优势，以及在工作中如何发挥自己的优势。对于弱点，她也找到了提升方案，并一步一步地落实。现在，她已经可以独立承担国家项目的运作，再也没有人说她无法胜任这个岗位了。

我在工作上取得成绩的同时，家庭氛围也有了极大转变。

耳濡目染是最好的家庭教育方式。我的态度变了，我的状态变了，我的教育方式变了，孩子们都会感知到并且被影响到。

大宝原来是班级的"刺头"之一，我没少被老师叫去"喝茶"。在他上六年级时，我们制定了具体的复习计划。在他想要放弃时、在他被游戏抓走了注意力时、在他模考没有取得理想成绩时，我没有指责和批评他，而是陪伴他，理解他行为背后的真实意图，看到他内心积极向上的动力，鼓励他取得的一点点的进步。这些都让他看到自己可以做到什么，还可以做到什么，而不是哪哪都没做好。一年的鼓励、支持和陪伴，让他在小升初时考上了离家近的重点学校的示范班，还省了一大笔购置学位房的费用。

现在上初中的他更加成熟，每次考试后，我们都会根据目标来分析现状和差距，调整策略；每周我们都会总结当周目标的执行情况，有哪些有效的方法是可以持续的，还有哪些需要调整。他会主动跟我说，他是如何在学校高效完成学习计划的；在体育项目上，通过练习，可以多做几个动作了。

对于手机使用这个父母们可能都会面对的大难题，我家也经历了野蛮严控、物理隔绝、有限使用等阶段。经过几次斗争，我和大宝改变了对手机的态度，从视它为洪水猛兽到"堵不如疏"，大宝自己制定了自主使用加父母协助的使用规则，手机这个横亘在母子关系中的拦路虎慢慢成了一份助力。

向前，不停步

现在，我回首过去，非常庆幸和感激遇到了教练技术。我感谢那些帮助过我的人和事，感谢那些让我成长的挑战和困难。在这个过程中，我发现了自己的内在力量。我开始勇敢地追求自己的梦想，不再被外界的评价所束缚。我学会了坚持和拥抱变化，尽管路途仍然坎坷不平，但我相信，我会一步步走向自己想要的未来。

我也在持续用教练技术支持那些正在经历类似困境的人，让他们找到自己的内在力量，勇敢地走出困境，创造自己的美好人生。

学习教练技术这两年多来，我使用教练式陪伴，支持了二十多位新同事完成了从学生到职场人的转变，其中很多人已经成为业务骨干，甚至承担了重要的项目。从去年起，我进一步支持身边的小伙伴，支持他们在职场上迎接一个个挑战，帮他们在取得事业成就的同时，也找到自己内心的力量，获得成长和改变。

当我们找到了自己想要的东西,并勇敢去创造时,才能真正地拥有内在的力量和自信,才能创造出真正属于自己的人生。

每个人都有自己内在的英雄,你只需要找到它,就能战无不胜。

宫晓Mina

重塑心灵·正念阅读实修营主理人
致力于陪伴10000多人过上有掌控感的人生

凌晨 5 点的守艺人

"凌晨 5 点的守艺人",米粒儿跟我说,这是我给她的印象。我内心非常感动,想到的是对生命的守护,也是三年来对我的写照,于是它就成了这篇文章的标题。

最初提起要写这篇文章时,我不知道写什么,我心想必须是经历了人生重创的人的励志故事、逆袭后走上成功之路的"小白"、创造了丰功伟绩或在某一领域颇有建树的人的故事才值得被传阅。我不过是众多普通人中的一员,接受九年义务教育时是留守儿童,幸运的是成长得还算积极乐观、独立自主,是别人口中懂事的孩子,是朋友眼中的诤友。虽不是"社牛",但也还算开朗。读完大学后工作,领导认可我。组建家庭后,继续奋斗,以期更好地照顾父母、孕育好小生命……

我的成长轨迹可能和正在看这篇文章的你的轨迹差不多,一定要说有什么不同的话,我想就是在三十而立时,在职场中兜兜转转了七年后,我找到了自己心中热爱的方向,现在做着自己热爱的事情。

就像开篇提到的,我热爱的事情就是守护每一个与我相遇的生命。每个生命最初的样子都是纯粹、有力、充满智慧的,只是在社会的大浪潮里淘洗时,失去了本真的样子。

每天凌晨5点,我起床,打开窗帘,坐在桌前,翻开书,点开语音会议,开始与伙伴们一起正念读书。

城市的生活还未开始。清洁工在清扫马路,刷刷的扫帚声格外清晰,在树丛中上下翻飞的鸟儿们,唧唧啾啾,和着我们的琅琅读书声,世界显得格外安静。

这样的清晨,我经历了三年。前两年,我是一个被疗愈者,每天清晨通过读书,感受自己情绪的流动,观察自己身体的变化,看思绪翻滚,觉察每一个念头对我的影响。

在团体里,我学着做真实的自己。我内心的感动、悲伤、恐惧、生气、愤怒、烦躁、喜悦……自由地流淌。

慢慢地,我蜕去了一层又一层壳。

蜕去了友好、柔和的壳，我看到了自己内心的恶。朋友跟我说，她过得不太好，我表面上安慰，心里却有些开心。朋友过得不好，对比自己的现状，我的内心无比平衡。

蜕去了让别人感觉舒服的壳，我的表达不再拐弯抹角，只表达我当下最真实的感受，埋怨、指责的话全部说出来，我要让自己先爽，真的很爽……

蜕去了谦虚的壳，我让自己的野心像脱缰的野马肆意奔腾，看到了心中的渴望……

每天与书对话，与作者对话，与伙伴对话，与自己对话。

用心守护着自己，一点点撩开经年累月无意或有意间盖在自己心上的纱、剥开背上的痂，有时候下手太重，是真的疼，那就疼一会儿，流血结痂，等痂掉下来，伤口也就痊愈了。这样的过程，我倍感珍惜。

就这样，前两年，我通过做真实的自己，细心呵护着自己重新长大，经历儿时未经历的叛逆，享受儿时未享受的依赖，重新唤起骨子里的自信，自在地接受他人的掌声，认可我的野心，直视我对他人、社会、世界的爱……

阳光慢慢冲破了清晨的黑暗，透过窗户，跑进室内，偶尔有雨点拍打着窗户。时间嘀嗒，在晴晴雨雨间，我再一次长大了，朝着我热爱的方向不断生长。写到这，我的眼睛有些湿热，成年后再次长大需要更大的勇气、耐心……儿时步履蹒跚，只需要自然生长，无畏无惧；长大后，有了太多的期待、欲望、无助、迷茫、彷徨，重新生长，没有那么简单。

有了热爱的方向，做着自己热爱的事情，难道生活就没有挑战、没有困苦了吗？当然不是。

还未做自己的正念阅读体验营之前，我做着自己非常不喜欢的工作。由于行业特点，每天都要去辨别真伪，用一种不相信的视角看人，每个月至少和合作方争论一两次，极其内耗。我每天不想醒、不想上班，做什么事都无精打采，脾气暴躁，抱怨这个不对、那个不好，太难受了。难道人生只有这一种活法？有人说，生活不就是这样吗？有几个人能做自己热爱的事情呢？真的是这样吗？我不甘心！

新冠肺炎疫情的到来给世界按下暂停键，也让我慢下来思考，我到底想要过怎样的生活？做自己热爱的事情，到底是什么样的感觉？

直至我做着自己喜欢的工作时，我才知道其中的滋味。困难、挑战依然存在，也并不是时时刻刻都像永动机，会有失落的时候，但内心是充满热情与希望的。突破挑战的过程就是自我滋养的过程，心力不断增强，精神饱满，会持续创造，不再惧怕中年危机，不再担心被市场淘汰，前进的力量日益增强。做真实的自己，做热爱的事情，生命就是熠熠生辉的样子。

我想如果有越来越多的人做自己热爱的事情，按照自己的心意去活，社会是不是会更加活力四射呢？每个人都值得为自己的热爱而活，包括正在看这段文字的你。

于是，在 2022 年 4 月，我发起了正念阅读体验营，陪伴更多的小伙伴重新生长。所谓正念，不仅仅是正念疗法，还有在当下与真实的自己联结。道理大家都懂，但过不好这一生的人仍然比比皆是，只有体验过，道理才能内化，才能对自己实现更好的指引。

每天凌晨 5 点，打开窗，听着鸟鸣声和偶尔的雨声、风声，一张桌、一本书、一杯温水，开启了我对生命的守护之旅。

这一次，我守护的是他人，是一个个鲜活的生命。他们有的是父亲，有的是 3 个孩子的妈妈，有的是妻子，有的是拼命赚钱还债的单亲妈妈，有的是在船厂工作了二十年的 48 岁手艺人……他们是儿子、女儿、父亲、母亲，但唯独不是真实的自己。他们被一个个角色的牢笼困得死死的，日复一日，年复一年，迷茫、焦虑、动力不足、心力不够、被情绪困扰、被仇恨埋葬，以至于忘记了自我……

每个生命都是鲜活的，都是独一无二的，都是艺术品，我喜欢欣赏生命最纯粹、最本真的样子，无须雕琢，只需要欣赏。

我们通过阅读，通过情绪，与真实的自己联结，真实地表达自己此时此刻心中的感受与想法，我们一起正念，一起正行，彼此照见。大家被疗愈、被看见，越来越了解自己、相信自己，回归自身，慢慢成长……

当超人妈妈跟我说，她要为劲牌策划读书活动时，我高兴得像是自己拿下了一个重大的项目，因为我知道她更加自信了。

超人妈妈有 3 个孩子，全职在家八年，初中毕业的她一直坚持学习，突破自己，十几年如一日地坚持运动。别人眼中的她自律、美丽，她眼中的自己自卑、不会表达。她第一次跟我语音通话，缘于她那段时间一直很低落，做什么都提不起劲儿，所以想跟我聊聊。

在一年的陪伴里，我见证了她从"我不会""搞不定"到"我试试""我能行"的转变。她勇敢地拿下劲牌的读书策划活动，并圆满地举办成功，这个活动的成功是她自我成长的外显。我陪伴她一路走来，知道个中的滋味，那是穿越了恐惧、害怕、自我否定的黑洞后看见的光明。

我被她的勇气深深影响。

Amundsen 是 2 个孩子的爸爸。有一天，他跟我们分享了青春期女儿的变化。

他的妻子因病在家休养。女儿放学回家后，看到厨房里没有碗筷，就问妈妈中午吃饭了没，得知妈妈中午没吃饭。

女儿说："你不吃饭，怎么有营养？身体怎么能恢复呢？"

他的妻子听到这话，眼睛有些湿润。晚上 Amundsen 下班回到家，她把这件事分享给他。

Amundsen 说："你总说我每天晚上辅导孩子，成绩也不见提高。我这段时间每天陪伴她，其实更多的是交流这些，这就是结果。"

比成绩更重要的是人。关系是基础，有了信任的关系、真诚的陪伴、无条件的支持与爱，孩子自然身心健康，成绩提升是顺带的事情。

听 Amundsen 分享时，我嘴角上扬，非常感恩他让我知道了他女儿的成长。当我用心守护了一个生命的成长，这个生命就可以影响更多的生命。

小白接起我的语音电话，开口说了不到一句话就哭了，她觉得太累了、撑不住了。我静静地听她诉说，也深深地理解她，陪她一起看见这个过程。当她看见自己正在穿越、向上生长时，她笑了，开心得像个孩子。

初遇小白时，她的孩子才几个月大。那时的她被情绪困扰，进入正念阅读体验营原本只是想解决情绪的问题。在这一年有余的时间里，她坚持写觉察日记 403 天，参加早晚读，持续表达自己真实的感受，给公婆提供了很好的情绪价值，让老公对自己更加信任、支持与尊重。

一个真实、有力量的生命就是能够创造无限价值，不论他在什么地方。

守护之路并不是一帆风顺的，正如每朵花都有它的花期，每个生命都有自己的发展历程。作为凌晨5点的守艺人，我只需要保持耐心、接纳、好奇，带着爱与无条件的相信，给每一个生命空间。

作为凌晨5点的守艺人，见证每一个生命都按照自己的心意生长、创造，我倍感荣幸。未来，我将继续陪伴更多的生命活出自己最本真、最美好的模样。

丽珺

专注长期陪跑的个人成长教练
支持1000人活出自在富足的人生

活出自我

追求成功可以让你变得更好吗？回避冲突可以让家庭变得更好吗？拼命努力可以让自己过得更好吗？明明做到了，为什么还是会委屈、压抑、感觉深陷在旋涡里？

老子说："知人者智，自知者明。"

一个人，最难的是认识自己。

这个世界上，最难处理的关系是和自己的关系。

之所以这样说，是因为我经历过。

这些问题都是我曾经反复追问的。现在我知道了，解决外部的问题没有那么重要，更重要的是处理自己与自己的关系。在四十年的时间里，我走过了人生中非常重要的三个阶段（不认同自己、放弃自己、找回自己），反复和自己碰撞，反复探索，我才知道活出自我的方式。

我希望自己的经历，能给你带来启发和鼓舞，我邀请你一起来听听我的故事。

看不起自己，一味地追逐

2003年，父母积极安排、帮我这个刚毕业的学生在县城里找到了一份他们认为的十分好的国企里的工作。

结果，刚刚适应工作的我，一腔热情就被浇灭了，因为我看到一个同学在大城市身居要职、快速发展，对比自己，在一个小地方的小单位做着小小的初级职员，我感到分外窘迫。"我怎么那么差！"这个声音在我内心响起来，我慢慢地越来越看不起自己，甚至很讨厌这样的自己。

"为什么他们可以，我却不可以？不行！我一定要改变这一切，我也要成为他们的样子！"

我憋着一股劲儿，开始拼命往前跑，下班就去学知识，有机会就往上冲，不顾一切地申请竞聘。回想那段时光，没有任何幸福感。一年半后，我竟然成功申请到了市里的上级部门的新岗位，又用了两年的时间，获得了"最美移动人""卓越员工""特别贡献奖"等荣誉称号。

咬牙拼命的这条路并没有想象的那么美好，几年来自顾自地闷头忙碌，疏远了身边的人，有些人甚至会嘲讽我说："你费尽心思考这个证，不也就赚这么一点点？哼，有什么了不起的？"

又来了，我就像只斗鸡一样亢奋起来。"好，既然你们嫌我赚得少，那我就要赚多一点，给你们看看！"

我选择了利润颇丰的美容行业，在业余时间迫使自己全身心投入。折腾了三四年，刚开始赚钱时，我的身体却出问题了，一场大病让我休养了几个月，需要长时间调理才能恢复，只能遗憾地放弃这个刚起步的副业……

事情虽然不同，但是模式是一样的，我一直在原地打转。看上去有成长，但实际上，我内心从来没有因为这些成绩而感受到真正的幸福。恰恰相反，困惑和懊悔会时不时地如潮水一般涌上心头。年纪轻轻，身体就垮掉了，以后该怎么办？忽略了陪伴家人，亲情变淡了，该怎么办？朋友也渐行渐远，孤独感袭来，该怎么办？

"我对自己不满意，就是我不够好，就是我错了！"这个答案好像被我默认了。

我像熊瞎子一样，掰下一根苞米后，就扔掉之前的，内心似乎有个洞，怎样填充都无法满足，看不起自己、讨厌自己。我看见那个拼命努力的自己仍然在外流浪，在风雨之中苦苦追寻，却找不到一条回家的路。

苏东坡说："此心安处是吾乡。"我没有找到让我心安的地方，怎么办？

放弃自己，深陷困境

痛定思痛，我觉得既然是我不好，那就把这个不好的我放弃吧！他们过得很好，那我是不是按他们的方式去生活，也能过得好呢？

于是，他们怎么要求，我就怎么做，我和家人的关系似乎真的更加和谐了，家人也觉得我有了很大改变。然而，我内心并不轻松自在，常常觉得不是滋味。我要一直这样下去吗？永远放弃我的喜好和追求吗？我要完全活成别人理想中的样子吗？每一天，我的内心都有这样的声音在呼喊，我越是想要忽视它，它就变得越来越大。

没出两三个月，这种和谐的家庭氛围开始出现裂痕并不断扩大。可能只是非常小的事情，就会让我们出现情绪上的冲突。有时候是和朋友聚会，因为计划有变，我们就会争吵；有时候因为电视声音太大，我的气就不打一处来；有时候，会因为孩子的玩具随手乱放，就忍不住暴躁起来。

我想要压着不良情绪，保持表面的冷静，做到他们说的样子，可是我越来越不舒服，我的那句"这只是一时的，忍一忍就会过去"安慰自己的话，也不再有效果。吵架时，他们就会指责我："你看你没变多长时间，又变回原来的样子了！"

那时，我觉得他们说得对，又继续一忍再忍，确实情绪慢慢消失了，但我跟着冷漠了起来。就这样，一晃三年。我变得麻木、沮丧、绝望，对人际关系不再抱有任何希望，慢慢开始封闭自己，不再热衷于跟同事交流互动，甚至同事叫我去参加一些集体聚会时，我也失去了兴趣。我对生活也失去了热情，那个曾经热爱生活、热爱美的我，似乎已经变得没有追求、没有规划，每天只想默默地待在家里，不愿出门。

放弃自己，没有让我得到想要的生活，没有让我变得更好，反而让我出现了抑郁的症状。看来，放弃自己也解决不了根本问题，还让我不断失去灵魂。

尼采说："生命中最难的阶段不是没有人懂你，而是你不懂你自己。"

我感觉自己像一个变质很久的鸡蛋，一直很努力地维护着表面上的完好无损，但是内心已经糟糕得不像样子，一磕碰，就流出一滩污水来。我再次陷入无尽的自我怀疑和迷茫，我到底该怎么办？我是不断地放弃自己，还是随意地支配自己？我到底是谁？我该何去何从？我不知道该怎么办！

心生力量,找回自己

老天爷打你一巴掌是为了叫醒你,如果你不醒过来,他会再给你更重的一巴掌,好在我被他打醒了。

2010年,我怀孕了。怀孕三个月的时候,我突然大出血,整个人虚弱得连话都没劲儿说。持续吃药保胎,卧床静养,完全不能运动,整整五个月后,我的肌肉萎缩了,很多事情都不能自理。再后来,流血量更大,医院通知孩子和我只能保一个。出于一个妈妈的本能,我选择了保孩子,并且心中开始祈祷,也坚定地说服自己,相信我们一定会母子平安。

幸运的是,伴随着孩子的出生,我靠着信念熬过一天天的拉锯战,我和孩子打败了死神,同时,也在我黑暗的人生中锯开了一道缝隙,照进来了一道光。

经历了这场生死,我突然明白了一个道理:"我的信念可以决定我的命运,我有不好的一面,也一定有好的一面,我要选择活出好的那个我!"与其不喜欢自己、放弃自己,为什么不能选择想要的自己呢?

这场体验给我带来了后续十几年的内在源动力,我开始和我的孩子一起成长,仿佛自己是一个全新的生命。

我开始心平气和地重新思考自己的人生,如果让我重新活一遍，那么我要怎么活？

先从工作开始，我停止和他人的对比和自我攻击，开始关注自己的优势，这份由内而外的转变给我带来了更多的机会，省公司连续向我提供工作的机会。生活上，我也开始变得更加积极主动地直面问题，无论是父母、朋友、夫妻关系，还有与外界联结的状态等方面，都开始出现了转变，变得不再那么敏感。

在和孩子一起成长的过程中，我也开始慢慢找到自己热爱的方向，我更好奇每个生命发展的规律、特征。近十年来，我在生命发展的主题里学习了大量的知识，如萨提亚、存在主义心理学、团体治疗、家庭教育指导、个人成长教练、NLP等，自己的思维能力和心智水平发生了翻天覆地的变化。

随着积累的加深，我开始把自己的热爱和积累转化为新的事业机会。当我懂得如何关注自己之后，我开始把自身的储备用在如何支持他人身上。当你经历过痛苦，你就更懂得他人的需要。因为自己淋过雨，所以总想为别人撑把伞。

布尔沃·利顿说：" 人生最大的幸福不在于拿走什么，而在于付出什么。"

付出就是一种支持和帮助，它让我们活出自我，也让我们成就他人。我们如同大树的根和叶，相互依存，共同生长，一起绽放出美丽的生命之花。

感悟人生，点亮生命

一旦选择了相信，一切皆有可能。回顾我的人生经历，我收获了四条重要的经验：

第一，困难都是礼物。 困难是老天爷给你的礼物，即便你现在还无法理解它。没有困难，就没有充分的力量去做出改变。现在的我会积极面对每一个困难，找寻其中可以打磨自己、发展自己的机会。

第二，换一种人生活法。 不管选择哪种活法，一定要追求真正的自我，永远不要因为别的事情而放弃自己。充分活出自己的独特性，尽情展现你的热情、好奇、喜欢、天赋和个性！无论你在生命的哪一个阶段，你都可以选择换一种活法，重新开始。

第三，不断加强自己的力量。 选择用让自己有力量的方式去活，无论做出怎样的选择，都要让自己拥有更多的选择权，有能力、资源、机会，让自己有十足的把握去选择自己想要的人生。

最后，找到可以陪伴自己成长的人，一起前行。 每个人都会有累的时候，也会有不良的情绪，还有卡顿的状态，找一个能够聆听自己、看见自己、相信自己的人，一起前行，是人生的幸事！

因为这四条经验，我的人生展开了一幅全新的画卷，我也希望为他人的生命添加明亮的颜色。我开始一个个地服务起那些需要帮助的人，到今天，我一对一沟通了 50 多个客户，发起了 100 多次公益活动，支持了上百个家庭直面自己的问题。

我越来越发现，我并不孤独，今天还有很多人正在走着我昨天的路，正在经历漫长的痛苦和挣扎，他们需要的不是打鸡血，而是细心浇灌、认真陪伴。因此，我开始提供长期陪伴的服务，希望在他们内心弱小的时候，给他们温柔和坚定的支持。只有长期的陪伴，才能对一个人的成长产生深远的影响。

这就是我的人生故事，一个找到自我、活出自我、贡献自我的故事，我希望它能够成为一份礼物，为你鲜活自在的生命带来一份力量。

李心釉

生命探索家,人生复盘营主理人,致力于用行动影响1000人活出自己渴望的人生

做自己,比接纳别人更重要

在写这篇文章之前,我纠结于选择什么文章主题,有两个备选主题,一个是现在的文章名,另外一个是一个没有资源、背景、学历的女孩,是如何在七年的时间里找到终身热爱的事业的。思来想去,我最后决定告诉你一个比找到终身事业更重要的事——做自己,比接纳别人更重要。很久以前,我一直认为自己特别爱自己,万事以自我为先,特别敢拒绝别人。是否做一件事情的判断依据永远是这件事是否和我的价值观相匹配,和人情无关。不会为别人而委屈自己,最直接的表现就是没什么人能跟我

借钱，是不是有点羡慕？但这份对自己的爱的背后藏着的是深深的自卑。后来，我才知道，我对自己的这份爱，是被包装过的要求和期待。

我在江苏的一个三线城市长大，甚至连读大学都没有离开家乡。2016年的夏天，我因为一段感情选择了去大城市实习，对我来说是一次探险。然而，好景不长，不久后我们便分开了。幸运的是，我花了一天的时间，从白天哭到晚上，悟出了一个道理：一个人只有真正有实力，才能在面对感情的时候，不会一败涂地。明白这个道理的代价便是我再也不会轻易地在别人面前表达自己的情感、倾诉和流泪。

当我决定留在上海的时候，父母是极其不同意的。我是家里的独生女，他们担心我在外面被人骗，无法在外面生存。但独生子女普遍有一个特征——软的时候特别软，倔的时候比牛都倔。我说给我两年的时间，如果我没有混出来什么，我就回家。那时候的我对于"混出来了"只有一个很粗浅的理解，叫不被别人看不起。

带着这样的念头，我脑子里面只有一个事儿——赚钱。我的第一份工作是做电话销售，虽然毫无经验，但我把领导的每一句话都用录音笔录了下来，接着用手抄，并将每一句话都背得滚瓜烂熟。不出两个星期，就接到了我的第1单。我听隔壁的姐姐说，她们组的组长觉得我特别聪明，想跟老板说把我要过去。其实只有我才知道，我不聪明，而是一只想变强大的笨鸟。

电话销售干了两个星期后，我不认可公司的一些做事原则，便选择了离开。焦虑和迷茫了一个多星期后，碰巧邻居的姐姐是做人力资源的，她介绍我进入了一家互联网公司，从此开始了我没日没夜的打工生活。那个时候，觉得这是一份自己真正认可的工作，我愿意每天工作到晚上九十点，甚至凌晨，也不会在乎自己短期的工作薪资是否能够匹配得上自己的付出。也愿意每个星期花一天的时间，周末跑到公司学习。那个时候，就有一股劲儿叫我变得很强大，所以在毕业第 2 年的时候，自己就做上了主管，开始带团队。

当我成为主管的时候，父母便不再对我担心。那个时候的我，想要更高的头衔、更强的实力、更多的薪资来证明自己，于是我更加拼命地学习、工作。只会在国庆和过年这样有长假的时间回家，而且回家后，大半的时间仍然在工作，和家人很少交流。每每和亲人沟通时，总是一副心力交瘁的模样，觉得话不投机半句多，追求那个在别人眼中闪闪发光的自己似乎比一切都重要。

工作第 5 年，我尝试转型，虽然结果不尽如人意，但依旧选择了一条还可以的路，继续往前走。两年后，我成为部门负责人，老板也很赏识我，愿意给我更多的发展机会，非常匹配我当年的发展规划。但没过多久，我便提出了离职，因为妈妈对我说，为什么你出来工作这么多年，学会了如何对别人，但是没有学会好好对你的父母？那一刻，我感觉五雷轰顶，仿佛有什么击中了我的内心。是啊，我这么拼命，是为了什么呢？说得好听是为了自己能够让父母感到骄傲，能够让自己有选择，不被别人看不起。但现在除了胃病和兜里的碎银几两，好像什么也没有。

选择离开后，我决定休息几个月，和父母待在一起。降低自己的消费欲望，用副业养活自己。机缘巧合之下，我开始学习教练技术。在整个学习过程中，我开始理解自己，为什么面对父母的关心和指责，会麻木、会厌烦？为什么感受不到他人的情绪？教练做得越多，到后期越容易哭。刚开始，我会说，"唉，我怎么又哭了呢"。我觉得哭是错误的、不好的、软弱的。现在，我知道，哭是一种情绪的表达。我开始慢慢允许自己哭泣，用哭泣觉察那些真正让我触动的时刻，看见那个陪伴了我这么多年却从未被我肯定过的自己。

我一直要求自己必须特别专业，在任何事情上都不可以犯错，认为哭是软弱的表现，一个专业的人不可有情绪。带着这种想法，我在外人眼里非常优秀，但在亲人眼里，我麻木，没有情绪，不爱表现自己悲伤、低落、失败的一面。

师父曾经说过，"我们是一切的根源，除非我们允许，没有人可以伤害我们"。那时候，我突然明白了，自卑、不自信让我长成了现在的样子，但好在只要我看见了这一点，我便能够通过转念让一切变得更好。我接纳自己的自卑和不自信，我紧紧地抱住那个因为自卑和不自信而受伤害，但依旧在这些年默默地不断支持我变得更好的自己。这一刻，我仿佛和自己达成了和解。是啊，我允许曾经的自己自卑和不自信，我感谢她，因为如果没有她，哪里有现在的我呢？即使自卑和不自信，她都能够带着我积累这么多的经验、面对这么多的挑战、拥有现在的成就。那当我和她手牵手、肩并肩，一起前行的时候，又会创造怎样的未来呢？

我拉上准备创业的闺蜜来做我的客户。给她做了三次教练后，她给了我一封长长的感谢信，并郑重地告诉我，"你让我知道了，原来一个人有情绪是正常的，是被允许的"。长期的教练，让她从外表很自信但内在需要力量的女孩，成长为一个会不断接纳和告诉他人，你的所有情绪都是应该的强者。她的老公、员工、朋友，都因为她开始变得更好，她的事业也有了不小的突破，而这一切只是因为她把看向别人的眼睛看向了自己，从对自己有期待到相信自己。

在成为教练的这几个月中，我遇到了很多客户，他们在自我发展的道路上都在不断地追求更好的未来，哪怕陷入黑暗，也从未想过放弃。在接受教练指导之前，他们认为，"优秀的人不可以有情绪，他们理应在面对任何事情时，都足够优秀，不允许自己有一丁点问题，仿佛自己一任性、一不开心、一有情绪，就是天大的灾祸"。我意识到，原来有这么多人和我一样，没有做自己。他们的内心总有无数的声音在说："你要成为这样的自己才行。"当我和他们一起去看内在的自己的时候，他们都会想要去抱抱自己。最有意思的是，每个人见到的那个内在的自己都是一个小孩，原来在每一个困难的、有情绪的时刻，面对外界给我们施加的压力和不公时，都是那个小孩拿着一把剑在保护自己，但我们大多数人都会选择把这个小孩关起来，并且责备他，说："你这样不对，永远不要再出来了。"

你也是这样吗？你总是用最阳光的微笑去面对别人，把害怕、恐惧、担忧放在自己内心，让那个内心的自己独自面对，能够容忍别人对你的伤害并报之以歌。我对这样的你报以最崇高的敬意，你总是不断地把好的一面呈现给别人，忽视自己的内在需求，这是一种伟大的精神。但我相信总有一天，你对世界的那一份善意，会带领你找到内心的自己。在此之前，希望下次你不开心、愤怒的时候，可以第一时间允许自己有情绪，告诉别人，我生气了，我需要时间和自己相处。

如何才能真正地做自己？我们要建立自信与自爱，并且能够意识到我们不需要完美，也无须迎合所有人的期待。我们每个人都有自己独特的生命轨迹，都有值得追求的事业与生活。当我们的眼睛盯着目标，在我们自己的生命轨迹上行驶时，远方再大的山，到我们脚下时，都会变成铺路的石子。尝试放下那些外在的期待与标准，倾听你内心真正的渴望，你就会发现自己其实一直都知道方向是什么。

这么好的你，可以接纳别人一切的你，请务必要做自己，慢下来，听一听自己想要的是什么。如果你周遭的声音太多了，没有关系，选择合适的时间，过来找我聊一聊。

默契

带娃全球旅行办公的自由职业者
计划四年级开始鸡娃的海淀妈妈

向幸福出发

幸福是什么？每个人都有自己的理解，同一个人在不同阶段也会有不同的诠释。

2023年6月，我们在永澄老师带领下，沉浸在爱自己、爱家人和爱朋友的氛围中，充分地体验到了幸福。

在七百多人的社群里，我看到了很多种幸福，看到了每天记录爱自己的方式所获得的单纯与美好，看到了幸福之于个人的重要性，更看到了传递幸福之后所获得的那种无与伦比的欢欣和喜悦。

对现在的我而言，幸福就是有钱、有闲、带娃周游世界！这十字方针，我思索和纠结了8年，才敢说出口，又经历了半年的内耗，才敢迈出去，一点点地实现它。

为什么周游世界那么重要？且从我学生时代的穷游开始说起。

幸福的二人世界

2005年，我和Jeffy在一次排球活动中相识。他跟我读同一个专业，高我两届，算是师兄。

当时，他上大四，在等考研成绩的同时，经常组织排球活动，释放自己的善意和热情。他为人热心，会关照每位参与者的状态，让大家都能有所收获。他笑起来时，有两个浅浅的酒窝，加上他的乐观和幽默也很吸引我，很快，我们就进入了恋爱状态。

上学的那几年，我们有时间没钱，经常骑车去学校周边玩耍，或者坐公交去某个景点逛半天。一年中最大的旅行计划，就是坐绿皮车去号称北京后花园的北戴河待上两三天，住在民宿云集的刘庄，早起赶赶海，中午跑一个景点，晚上吃顿海鲜，仅此而已。

直到2009年的蜜月旅行，才算是正经地有了旅行的样子。

那年，是我本科毕业第二年，我考上了本校的研究生；他研究生毕业一年，稍微攒了些积蓄。我们决定在我上研究生前结婚，休十天婚假，出去旅游一趟。

我们的目的地选在了四川，路线包含九寨沟、黄龙、峨眉山、都江堰、青城山、大熊猫基地等景点。我特别喜欢住在九寨沟的那个晚上，漫步走在栈道上，听着潺潺的水流，世界如此静谧、美好。Jeffy的体验就不一样了，他走了十天、瘦了十斤，经常挂在嘴边的话就是"我宁可在沙滩上晒太阳"。现在想起来，那时候无奈的他有那么一丝丝的可爱。

我读研期间，Jeffy迷上了骑车这项运动，买了一辆二手"勇士"，每周跟着学校社团的伙伴出去骑一天。很快，他给我买了一辆入门级的山地自行车，美其名曰要一起领略祖国的美好河山。那三年，我们骑车转了北京的好几座山，三天骑到北戴河，四天环绕青海湖。可惜的是，环海南岛和环台湾岛这两项愿望一直躺在清单里，至今未实现。

在我研究生毕业前后的几年时间里，Jeffy一直在外企上班，常有出国开会或培训的机会，欧洲和美国去得比较多。他每次外出回来，都会跟我聊他走过的地方、看到的风景，顺带说一句："好希望有机会和你一起去××地方。"我听着他的话语，心生向往，于是计划一起出国走走。

2013年，朋友约我们一起去塞班。一听是海岛，Jeffy很快就答应下来了。我们在塞班玩拖伞、香蕉船、海底漫步、深潜、浮潜，吃椰子蟹，喝椰子汁，看北马里亚纳海沟的深蓝美景，穿梭在塞班岛的丛林中，十分惬意。

好几个晚上，我们都聚在一家冷饮店前，喝台湾老板娘做的芒果牛奶，听她讲自己的爱情故事，偶尔也去边上的唱片店，听老板讲他在塞班岛的奋斗故事。

慢慢地，我爱上了海岛游，开始认同Jeffy那种躺在沙滩上晒太阳的快乐。

从塞班回来不久，我就怀孕了，简单的二人世界迎来了新的小生命。

在这个时间段，幸福于我而言，是家人的安康，是与爱人的携手同行。

三口之家的旅行

童童出生在2014年的3月份。他三个月大以前的活动范围基本都在小区，没怎么出门。有一天，我们推着他逛商场，他靠在Jeffy的肩膀上，瞪着大眼睛观察着琳琅满目的商品以及吊顶上的灯光。他的这份好奇启发了我们，我和Jeffy决定要多带他外出游玩，多看看外面的缤纷世界。

那年的十一假期，我们带他回桂林探望生病的伯父。他在飞机上很安静，四处望望，很快就睡着了。在老家，他跟着我们四处走动，继续表现出他的好奇心，同时还有一份专注——他可以长时间地看着他感兴趣的人或物。这趟出游很顺利，童童对于出远门很适应，增强了我们带他旅行的信心。

在 2014 年底，我没躲过外企裁员潮，我在研究生毕业后就职的微策略北京分公司注销了。于是，我在 2015 年元旦之后加入了百度，成为 LBS 测试部的一名软件测试工程师。在接下来的 8 年半时间里，我随着百度金融的拆分，成为度小满的一名员工，先后待过大数据开发工程师、数据分析师、数据产品、数据平台产品等多个岗位。

这几年，我充分感受到了互联网的超快节奏，忙碌成了家常便饭，下班时间从外企的六点变为了互联网的七、八点，还经常加班到九、十点钟。2022 年 1 月，为了一个公司级项目的数据和指标，我连续奋战 23 天，每天都到十、十一点才下班。同时，Jeffy 的工作岗位也发生了变动，出差明显变多，经常隔周出差。

工作太过忙碌，我和 Jeffy 都很少有空闲，导致我们的家庭旅行计划难以执行。即便如此，我们会在小长假带童童逛国内景点，同时坚持一年至少要有一趟长途旅行——2015 年去日本、2016 年去韩国和菲律宾、2017 年去美国、2018 年重游塞班、2019 年去澳大利亚。

从 2018 年起，我们在规划行程时，都会询问童童的意见。

他从 3 岁开始看《海底小纵队》，特别喜欢皮医生，除了了解海洋生物，还知道了世界很多地方的特色，对去哪里有自己的想法。他想去看马里亚纳海沟，我们在关岛和塞班之间犹豫了一阵，最终选择能够直航的塞班，带他去看马里亚纳海沟的深蓝美景。他想去看大堡礁，我们计划了一次澳洲游，去了布里斯班、凯恩斯、墨尔本、悉尼，在 Jeffy 左行右舵的新手期，体验了澳大利亚广袤的风光。

我们在旅途中见证了童童的成长，记录下他好玩、有趣的各种时刻。他在东京迪士尼睡了快 3 个小时，在加州迪士尼被恐龙声吓得只敢逛小人国，在长滩岛的泳池里泡到手发皱，在圣何塞坐了两天的小火车，在军舰岛迷上了浮潜，在大堡礁喜欢上了直升机。

每一趟旅程都会发生很多的故事，好玩、有趣的小故事特别多，展开来写的话，估计能写一本书了。

童童出生后，幸福于我而言，是孩子快乐成长，是我们一家三口点亮世界地图的旅途。

健康平安最重要

2020 年元旦，我们计划一家三口去趟欧洲，意见出现了分歧。Jeffy 想重走他之前去过的路线，我想去他没去过的国家，这样，我们三个人能够一起看到新鲜的世界。

计划还停留在口头上，新冠肺炎疫情暴发，我们出不了国门，甚至出不了北京。我们适时地调整自己的期待，把身体健康放在首位，暂时停下了向世界探索的脚步，转而用书本、纪录片等方式，带童童感受世界各地的风情。

童童逐渐长大，从依赖大人的亲子阅读，逐渐过渡到自主阅读。他在阅读中积攒了很多的地理知识，对世界的好奇心驱动着他持续地查看世界地图和中国地图。

2021年五一假期，我和外婆带着童童去了一趟湖北，走过武汉长江大桥，坐船领略长江沿岸的夜景。第一次去黄鹤楼，由于去得晚，加上人太多，我们没爬到黄鹤楼顶楼就被劝退了。第二天，他非要我陪他再挤一趟，爬到顶楼才算满意。之后，我们三人爬武当山，下山那天走了2万8千步，他晚上还去蹦了1个小时的充气堡。

2021年的暑假，他迷上了一套科普知识漫画书，名字叫《大中华寻宝记》，每一册讲一个省级行政区，目前已经出版了29册。他同时也经常翻阅我给他买的《刘兴诗给孩子讲中国地理》，从中学到了很多自然地理与人文地理的知识。

从那时起，他慢慢就有了一个小小的愿望，想在18岁之前走遍全国各个省级行政区。当他说起这个想法时，我和童爸特意跟他确认了什么是"走遍"，他在我们的"诱导"下，给出的解释是去到就行，不一定非要去省会或者非要去待多久。

照他的说法，他当时走过了11个省级行政区，还有23个省级行政区没有踏足，接下来的11年，平均每年要去2个地方。考虑到初高中的学习压力，我们可能需要提前带他周游全国，才可能实现他的小愿望。

有了这样的计划，我在2021年国庆期间，带他打卡陕西和四川，超额完成当年的预定任务。他对秦始皇充满了好奇，在观看兵马俑之后，坚持要去秦始皇陵博物馆。他很喜欢都江堰，一边走，一边跟我讨论李冰的设计原理。

2022年，我只带他去了桂林和青岛。他不再喜欢吃桂林米粉，而是迷上了凉粉，最多一天喝四碗。他在青岛第一次站在狂风暴雨之中，眼里的害怕在我的劝说下慢慢地消散。虽然没有在中国地图上点亮新的省级行政区，但他有了新的体验。

在这特殊的三年，我认为幸福就是家人健康平安，旅游不再是年度刚需，而成了锦上添花的事情。

有钱、有闲，带娃周游世界

2022年12月，北京再次进入全城在家办公的状态。通知刚下来，我就把外婆送回了桂林。这样，我们一家三口在一起享受了一个月的居家办公，又想办法轮流带娃，度过了两周，直到春节请假回家。

这一个半月里，我探索出自己未来的理想生活画面——"有钱、有闲、带娃周游世界"。有了这十个字，我开始游说童爸和童哥父子俩，不停地描绘在那种场景下，我们三个人是如何生活、如何协作的。慢慢地，他俩明白了我画的"饼"是什么样子的，开始不停地考虑这个"饼"能够实现的可能性。

2023年1月，我开始进入个人成长教练一阶段的学习。整整18周，我坚持每天5点起床，5点半到7点进行小组练习或者读书写作，持续地进行自我探索、精进自己的教练技术。我的坚持，迎来了童爸和童哥的大力支持，从将信将疑到相信我可能会干成，到相信我真的能成，至少陪娃这件事情能够落实到位。

5月份，我感觉自己已经搞定了老公和娃，可我又心生胆怯了，我不敢往前迈步了。所幸，我有机会成为永澄老师公开DEMO的客户，享受了一次大师级的教练服务。当天，我的话题是如何处理内心的纠结——想要自由职业，又担心自己拿不到成果。永澄老师耐心地听我陈述了二三十分钟，听我讲自己的彷徨、不安和煎熬，又用他强有力的提问帮我稳定了内心，坚定了一个信念——我可以过上自己想要的生活。

就这样，我明确了接下来的步伐，就是暑假尝试带娃周游世界——从国内的一些发达省市开始，再慢慢走向国内其他的省市，或者找机会去国外转转。

2023年7月1日,这将是我人生旅途中一个非常重要的历史性时刻。从这一天起,我整装待发,向自己的幸福出发,开启了一种全新的人生模式——娃上学、我上班,娃放学、我陪伴,娃放假、我带他旅行办公。

今年暑假,我将带娃自驾两个月,先沿京港澳高速从北京回到桂林,再从广西省东兴市沿着国道228出发,经由深圳去趟香港、澳门,之后一路往北到辽宁丹东,去沈阳见几位小伙伴,再驱车回北京,准备从四年级上开始"鸡娃"。

在旅行过程中,童童将负责所有账目的记录和计算,这是我培养他财商的一个重要方式。在最初计划自驾游时,他问我:"妈妈,这一趟出游要花10万块吧?"我回答他:"我们出游2个月,可以轻轻松松花掉10万,也可以节省一些,只花几万,具体是几万,需要记账才能知道。"他接受了这个工作,还打算跟着我学习使用Excel以记录每一笔花销。

在旅行过程中,我带着他见不同的人——我的亲人、我的老师、我在教练和拆书帮认识的伙伴、我的同学、我的朋友等。与不同的人打交道是增长见识的一个重要方式,我希望他能够了解不同的人从事的职业背后的价值和所需要的能力,从而找到自己的榜样,知道自己该培养哪些能力,才能够做到像他的榜样那样成功。

在旅行过程中,我计划探访几个高校,带他领略不同学校的风光，种下一些种子。等他找到自己的兴趣点时，我就可以给他讲擅长这些点的高校有哪些，设置了哪些专业，能够培养出什么样的人才。借此慢慢地培养他设计人生的能力，明确自己心中想要的东西并努力追求。

在旅行过程中，我还打算培养他的自我管理能力，包括生活自理、情绪处理等方面的内容。他遇到挑战，能够自己想办法解决，而不是一味地依赖我。

当然，这些都是我目前的设想，是否能够实现还要看童童内心的想法。我相信，他会在旅途中得到学习和锻炼，慢慢地成为一个见多识广、自信自律、眼里有光、心中有爱的阳光大男孩。

这半年以来，我持续地探索自己想要的东西，并开始走在追求自己想要的东西的路上，这种感觉非常美好。这便是我现阶段理解的幸福，也是我未来10年要奔向的幸福。

在文章的最后，我想援引鲁迅先生的话语作为结尾：

我想此后只要能以工作赚得生活费，

不受意外的气，

又有一点自己玩玩的余暇，

就可以算是万分幸福了。

第五章
幸福密码

刘锐

盖洛普优势教练
职业转型教练

我内在的英雄战无不胜

我是刘锐，本职工作是一名 HR 中层管理者，第二职业是一名个人成长教练，也是盖洛普优势教练。

现在的我，每天忙碌而充实，会和来访者进行教练对话、咨询，帮助他们解决职业转型、职场定位、副业打造、人生探索方面的困惑。现在的我，不再数着日子苦熬生活，每天开开心心，每天的状态稳定、平和，也充实而有力量。现在的我，在 8 小时以内完成本职工作，在 8 小时以外奔赴梦想，就像大家这两年一直说的，"锐哥，你现在站在光里了"。

谁能想到，如今云淡风轻、风和日丽，四年前还是乌云密布、一片狼藉。

弗洛伊德说，失误并非出于偶然，它是被压抑的欲望冲突的结果。但是当命运向你发出召唤时，你的生活的"稳态"就像你搭好的积木房子，突然被抽掉一块，变得摇摇欲坠。

2019年，是我生命的指针来到35岁的一年。我突然发现在大学毕业后的似水流年里，我赖以生存的知识技能被自己废掉了。HR专业似乎在国有体制里越来越没有用武之地，年轻时给自己绘制的成长图谱，永远无法画上我想要的那一笔，历经七年磨砺的内心也很难生出什么波澜，我该怎么办？

这时，一个非常坚决但又冲动的念头出现在我的脑海里：辞职。于是，我用了三天时间给自己做了心理建设，然后和公司领导口头提出了辞职。只不过这个时间点正是我们部门很忙的时候，其他的同事在短期内没法很好地接手我的工作，这样就有了一个月左右的交接期。

在这个期间，除了有大量的工作需要完成并逐步交接之外，还有同事送行。晓明说："哥，明天晚上给你送行，一定得抽时间啊。"我说："还早，有些工作需要慢慢交接，我8月底正式离开。"他说："8月份送行，我怕排不上队，7月咱就开始。"

就这样，一个月的吃吃喝喝满足了身体的欲望，也带来了更大的恐慌。每天回到家，自己变得不知所措，感觉不知道以后的道路应该怎么走，一种不可名状的巨大的恐惧笼罩着我，"辞职、不辞职，辞职、不辞职，辞职、不辞职……"反复出现在脑海里，犹疑、纠结、焦虑、懊悔就像魔鬼一般从身体中向外生长，由小变大，让我整夜整夜地睡不好觉。

成年人世界的"打脸"分分钟发生在我身上，我又给公司领导说了一个连我自己都不相信的理由："因为父母反对，我也不想老人担心，我还是继续在公司干吧。"因为没有递交书面辞职信，就这样，我继续留在了这里，但同时留下的，还有满满的羞愧和深深的无力感。

无数个夜里，我不禁拷问着灵魂：这样下去，自己还有前途吗？

鲁米说，有一片田野，它位于是非对错的界域之外……当灵魂躺卧在那片青草地上时，世界的丰盛，远超出能言的范围。

过了很久，带着对自己极大的怀疑，陷入焦虑泥潭的我遇到了生命中的两个贵人，也发现了那片田野。

2020年6月，在一个管理群里，我认识了北大"学霸"苏姐，她是国内早期的盖洛普全球认证优势教练、"在行"高分专家。我从她那里知道了盖洛普优势，作为HR，对霍兰德代码、MBTI、九型人格、大五人格等职业性格测评都非常熟悉，但这是第一次听说盖洛普优势测评和克里夫顿34项才干。通过对盖洛普报告的解读，我非常震惊，犹如发现新大陆一般，我慢慢地认识到，自己有着强烈的信仰（价值观），想要活出自我、做真正的自己，而宏大的梦想对我造成了困扰。我追寻的生命的活力必然要练就一种技能，并通过这种技能获得某种认可，而才干阴影面所带来的障碍又拉扯着我去做喜欢的事情。

从那以后，我就跟随苏姐一路学习盖洛普优势教练课程，从优势培育计划、优势导师计划到优势创富合伙人，不断研学盖洛普、不断觉察才干、不断"升级打怪"，立志成为一名"优势教练"。

2021年5月，为了精进教练技术，打通"优势＋教练"中的"教练"内功环节，也为了更好地修炼心性，我主动找到目标管理专家易仁永澄老师。永澄老师专注个人成长教育十余年，不仅是ICF（国际教练联合会）PCC级教练，也是个人成长教练课创始人。

这个时候的我，虽然找到了"优势教练"这个方向，但内心的力量很是孱弱，于是减掉"优势＋教练"之外的占用自己时间、精力的不必要事项，还将微信名改为"千山境"，借用王国维的《人间词话》里的三个境界"人间词话三重境，千山万水笃行之"给自己鼓劲。将自己的注意力聚焦在"优势＋教练"上，投入个人成长教练的学习中去，凝聚让内心安宁的力量。

犹记得，我参加个人成长教练第一次的沟通是共建小组、共创小组文化，助教菲菲带着我们小组成员（明琦、紫微星、我）

一起商议。这个时候，盖洛普的思维、理念才干就被调用出来，发挥作用，我结合每个人的昵称，提议我们小组取名为日月星辰。当我脑海中涌现出"眼有日月星辰，心有繁花似锦"这个口号的时候，心非常透亮，大家也都异常兴奋，就这样，我们的组名和口号就被确定下来了。

永澄老师上公开教练课，我果断报名，那是突破自己的开始。在一百多号人的会议室里，我将自己过往的焦虑、内心的恐惧、自我的探索紧张地说出来，伴随着教练的看见、提问、支持，我内心笃定的力量一点点被激发出来。永澄老师说："我一直都有看见你，你每天早晨为小组开启飞书，每天提醒组员练习费曼学习法、对练，每天积极参与项目的学习，你就是最优秀的学员。最重要的是，即使你在内心有那么多的内耗的情况下，这么多年来，你从未停止对自我的探索，单凭这一点，我就要为你欢呼。你要相信，你内在的英雄战无不胜。"

幸福的方式只有两种，一种是所有梦想都实现，一种是放下了不该有的执念。

在跟随永澄老师、苏姐不断精进的过程中，通过教练技术和盖洛普优势理念的帮助，我找到了影响我思考方式、行为模式的因素，也不断去看见自己、理解自己、接纳自己。

在第七期个人成长教练结业的时候，我获得了"优秀学员"称号。带着"我内在的英雄战无不胜"的笃定力量，我成为个人成长教练的助教,并在个人成长教练二阶段继续学习。

恐惧和自我怀疑是可以被打败的,重要的是要敢于直面内心的恐惧,并在行动中消除它。于是,我决定不在名字上"想方设法"了。结业汇报后,我把微信名从"千山境"改为原名"刘锐",因为我就是我,我超级喜欢我自己,什么样的我都可以。

2023年,在个人成长教练成立五周年的日子,我被评为"优秀助教";在优势创富合伙人的商业突破营上,我持续收获付费用户。我走在了不断在掌控中找到感觉的道路上,帮助了50多个来访者破除职业迷茫与解决职业转型时的困惑,也与一群志同道合的个人成长教练共同追求生命的平和、喜悦。

我相信,也越来越笃定,我内在的英雄战无不胜。

胡睿斌(做个睿爸)

孩子成长规划营主理人
重塑信任关系的亲子沟通教练

我讨厌这种说法:"孩子出现问题是家长的问题。"

冬温夏凊,晨兴夜寐。当我们被生活折腾得有气无力的时候,还常常听见许多专家和博主说:"孩子出现问题是家长的问题。"你同意吗?

童年:好奇心被保护

在那个红色年代,我的双亲作为知青,下乡插队落户。在一座小县城的农场里,他们相识相爱,两年后有了我。为了让我有更好的生活环境,他们把我送回了城里。

到奶奶家时,我才九个月大,刚刚长牙,还不会走路。当时家里有个小姑姑,大我十七岁。突然来了个虎头虎脑的小子,我猜她是欢喜的,因为"撸我"总比"撸猫"强吧。哪怕我刚刚离开母亲的怀抱,常常在夜里哇哇大哭,她还是对我爱不释手。

就这样子,小姑姑一直抱着我、背着我,直到她二十三岁出嫁时。我还记得她出嫁的前一天晚上,我死死地攥着她的手,哭累了才睡过去。这是我第二次失去了母亲。

直到我八岁的那一年,父母才回城工作。母亲可能因为内疚,对我的生活起居照顾得很好,在读书上也没怎么严厉地管过我。只是我们之间似乎总隔着一层薄纱,亲近不起来。他们也总会无意识地更关注妹妹一些。我是难受的,这种难受直到我成年以后,才慢慢淡去。

我记得整个童年,我很敏感爱哭。也正因为敏感和经常独处,我总是十分好奇,通过观察和琢磨周边事物,给自己做了许多玩具,铁打的、木削的……好玩极了!这让**我的好奇心一直被保护得很好**。打小,许多东西,别人只要在我眼前做过,我都能很快学会。更重要的是,正是出于好奇心,我看了很多书,吸收了许多人生智慧和积极能量,我是幸运的。

孩子：相信是生命无形的血

在这天晚上 9 点，我讲了第 268 个胎教故事后，我家的小天使来了。孩子的出生，给我带来了鲜活的生命体验，我的内心哗啦一下子拉开了序幕：远远望去，整片整片的向日葵在田野上迎着阳光，金光闪闪。一张张脸庞随风摇曳，每晃动一次，我心里就涌现一股温暖。我想，也正是在那会儿，孕育了我的老师梦吧，我太渴望爱了！

随后的日子充实而忙碌，我花了很多的时间陪伴孩子，猫在地上看她手忙脚乱地折腾；闪到门后边，一起躲猫猫；张开双臂，把"小炮弹"揽入怀中……我细心呵护着孩子的好奇心，给足了她安全感。

直到孩子上小学二年级，有一天在辅导她做作业的时候，我实在忍不住了，对她一顿数落。突然，我发现，她在默默吮吸自己的手臂。系统学习过养育的我，立马意识到这是抑郁的前兆。

在随后的几天，我陷入了沉重的反思，不断梳理孩子的成长经历，不断回忆自己的童年往事。每到这个时候，匮乏与觉醒互相拉扯，我不由自主地抱怨起了父母，我觉察到自己身上存在一些模式，有些是童年经历种下的种子，有些是自己的执念拧巴成形。由于我自己的童年缺乏安全感、缺乏信任，即使我特别重视给孩子安全感，但这种执念让我没能够真正相信孩子，给这棵成长的爬藤搭了过多的脚手架，不自觉地期望她长成我喜欢的样子。

我决定做出改变！我要努力去学会相信孩子。

从那以后，我更细致地观察她的行为，沉浸式体验她的感受，还常常嘉许她。我诚实地面对自己，用爱和信任洗刷孩子内心的尘土。

从那以后，我不断放手，越来越少要求孩子，现在连建议都少了。从上小学三年级开始，孩子自己安排学习，我默默跟着观察。我们每天做得最多的事情就是聊天，比如放学后，一起在面包店聊上二十分钟，什么话题都有，不亦乐乎。

孩子总给我带来惊喜，对情绪的调节、对时间的理解、对事务的安排、举一反三的能力等等，都在飞快进步。当然，在这个过程里面，还是有许多的成长波折，比如她的学习成绩起起伏伏，但是，**在试错里收获，不正是生命本来的样子吗？**

育儿育己：欣赏让生命绽放光彩

孩子状态好，从小到大差不了。这是我和孩子在一起成长中最大的感悟。自从我全然地相信孩子，不断赞赏孩子的生命力，我有了更多的时间和精力回归自己的生活和工作。

奇妙的事情发生了！

我发现以前每一天的啰嗦和念叨"吃好睡好"，每一学期说"考试加油"和言传身教，每一年的互相鼓励和共同进步，所有的对与错、好与坏都汇成一股涓涓细流，在我和孩子身上流淌，不断滋养着我们。我们常常很有兴趣地拿出来聊一聊，这种松弛的感觉，十分有力量！

从孩子上小学开始，每天睡前，我都会给她写张小纸条，夸夸她的进步，如今天她表现了哪些优秀的品质。点点滴滴的看见，如沐春风的嘉许，一直支持她形成了许多好习惯。如果**孩子能够在品质上有优势**，那将是我送给她一生中最重要的礼物！

都说孩子是上天派来的天使，他/她让我们有机会不断修正自己，成为更好的人。小丫头就是我的天使！她让我学会了接纳自己的情绪，学会了"起心动念"，变美起来，学会了"我就是爱"。

孩子的成长是对我的赞赏。我的成长虽然也充满挑战，但我一直积极进取。多年来埋藏在我心底对父母的丝丝抱怨，也都消散了。

教练：家长和孩子都没有问题，成长只会出现阻碍

与孩子一起成长的日子里，我发现自己特别热爱教育。为了

更好地养育孩子,也为了自己心中的热爱,我考了教育规划师,同时系统学习了个人成长教练。教练是关于真正了解我们自己和他人的学问,也是一份可以让我充分挥洒天赋的事业。现在,我更喜欢说:"我是一名泡在个人成长教练里的教育规划师。"

我们从小接受"犯错就要受罚,出问题就要背锅"的教育,已经习惯围着问题转。那些总强调"就事论事"的人,那是因为他们根本不懂得"事"后面的人,不懂得在所有人的表面行为背后,总有深刻的心理根源。

所以,"孩子出现问题是家长的问题"这种观点完全帮不到家长和孩子,只会让他们生活得更糟糕。因为它只会让我们的注意力绕着自责和抱怨转圈圈,跑不出来。如果"孩子抱怨你,你抱怨父母",是不是很可怕?这种观点**阻断了父母和孩子之间真正的联结,这才是让我们痛心疾首的地方。**

没有人不渴望进步,生命总会找到出口。教练全然相信每个人的内在资源,关注人的积极意图和创造力。在教练的眼睛里,无论是孩子,还是家长,他们的成长都没有问题,只会出现阻碍。让我们的注意力回归,聚焦在成长上。"你只管一路走过去,路上的鲜花自会开放"。

成长本身是一个充满挑战的过程,自我发现的难度是孩子面对的最大阻碍。他们需要探索自己的兴趣所在,理解自己的性格特征,形成自己的价值观等等,而这些需要时间和空间,需要面临失败与挫折，还需要被看见和承托。

家长面临的主要阻碍来自保护孩子的本能。为了满足自己安全感的需要，这种本能会让家长对孩子的种种行为感到焦虑，随时准备介入和控制，而忘记了自主探索之于孩子的重要性，没有给他们探索世界、独立思考和解决问题的机会。

当许多阻碍交错拧巴在一起后，我们的生活变得鸡飞狗跳、痛苦不堪。如果我们不能看见阻碍背后那个完整的人，把阻碍当成问题，千方百计地想干掉它们，那是徒劳的。那么，我们如何突破亲子关系的阻碍，和孩子一起成长呢？

教练给了我们三把钥匙：好奇、相信与欣赏，帮助我们跳出这些旋涡，让我们和孩子一起成长，拥有良好的亲子关系。

首先，孩子天生都有强烈的好奇心，家长只需好好地保护它。好奇同样能够帮助家长缓解负面情绪，打开新的视角。家长沉浸在孩子的体验中，感同身受，关注且耐心地倾听，去发现孩子成长中的种种迹象。这种探寻之旅，让我们重新认识孩子，发现孩子的魅力。

另外，"生活中有两件事是最重要的，第一是相信，第二是希望"。相信生命的力量、自然的完美，相信每一个人都有独特的完整世界。如果我们企图去控制，那么我们会远离智慧。因为自我系统是动态平衡的，在得失之间自然调节。正是相信，让我们触摸到内在的深层智慧。

最后，家长欣赏孩子的进步，欣赏自己的成长。欣赏以温暖与爱意来尊重生命。正如培根所说："欣赏者心中有朝霞、露珠和常年盛开的花，漠视者冰结心城，四海枯竭，丛山荒芜。"培养欣赏的眼睛吧，让我们洞察生命之美，点燃人心，让生命绽放光彩。**哪怕童年受到再大的伤害，都请你跳出来，做个"育一代"。**

未来：创造美好的回忆

都说"父母与子女的缘分，是一场渐行渐远的目送"，这话听起来让人惆怅，但也给了我积极的启发。**我决定成为女儿生命中的礼物，陪她一起创造美好的回忆。**于是，每每我和孩子在一起的时候，都会放下手机，专注聆听，敞开沟通；也会一抓住机会就制造仪式感，手舞足蹈、打趣逗乐，留下印象；还特别喜欢借助生活中的糟糕体验，引领、帮助她克服困难。

未来，我依然会在不同时间、场景和事件中创造这样的画面，送给孩子各式各样美好的回忆。我相信，无论未来在什么时候、什么地方，当她遭遇挫折、碰见阻碍时，都能唤醒这些回忆，支持她充满力量，战胜挑战！

Sunshine婵鸣

教养家发起人
高级教育规划师

教练，让生命绽放

你们相信吗？一个人的人生轨迹和生命状态，会因为遇到另一个人和一件事而发生天翻地覆的改变，而发生这个重大改变的主人公，是一个姑娘。

这个姑娘出生在辽宁的一个普通家庭，父严母慈。从小到大，她都是最典型的乖乖女，不逾规，不越矩，谨小慎微地生活。在家听父母的话，上班听领导的安排，没有自己的想法，也不敢挑战权威。她想追求幸福，那时她认为幸福密码是做个宽容和随和的人，努力展现自己的优点，最大程度地理解和包容他人，别人就会喜欢自己、接纳自己、重视自己。

这个姑娘就在事事向人献殷勤、处处讨好别人中长大，她感觉自己好像进入了一个怪圈，越殷勤，越讨好，越不被别人喜欢。她在怪圈中沉溺，越发自卑、敏感和小心翼翼。

2016年，她结婚了，并迅速孕育了一子一女。原本添人进口，在人生的收获期应该感到巨大的幸福，她却陷入了焦虑、愤怒……在身体上，她面临长期的睡眠不足、免疫力低下等问题，导致她快速衰老；在家庭中，她面临孩子的哭闹、爱人的忽视、长辈的不理解；在工作中，她面临职场拼杀、谣言和诋毁、工作的重压……层层叠叠，密密麻麻，像一张大网，不断地收缩、束缚、勒紧，偏偏她的嘴巴也仿佛被贴上了胶带，有苦难言，求助无望。

难道生活就这样了吗？不，她不甘心，她要改变，不只为了自己，也为了孩子更好的未来。她深知原生家庭对于孩子一生的影响有多巨大，她要成为孩子的榜样，于是，这个姑娘疯狂学习各种技能，如儿童规划、心理学、沟通、演讲等等，当时确实觉得醍醐灌顶，但用不到生活中来。直到有一天，她遇到了一个影响她一生的人和一件触动她的事。

有一个小伙伴是少儿培训机构的老师，一次上课时，她负责课程录制，但是她忘记按录制键了。当她发现时，前面的重要内容已经结束了，她非常慌张、焦虑和自责。机构老师和领导的态度更是让她非常惶恐。她整个人特别沮丧，内疚到掉眼泪。她向永澄老师请教，以下是他们的对话过程。

小伙伴：永澄老师，人为什么总是犯低级错误？譬如，开腾讯会议忘记录屏。

永澄老师：可能有如下几个原因。

第一，腾讯会议这个软件设计得不好，它居然不知道自动录屏。

第二，可能是在开会的时候，你更重视人，所以没在意这些具体的事情。

还有没有可能，老天想要借这个机会告诉你：再练一次，下一次做得更好

也是给你一个机会，让你在10年后面对一群人时，可以给他们讲一个故事，讲用心对待一切的故事，这就是发生在你身上的真实的案例。

另外，如果没有出现这个情况，你是不是就不会主动来找我了？总会出现一个机会，让你和另外一个人产生联系。

还有没有这种可能，老天突然变身，变成一个小失误的样子，给你一个机会，让你在这么年轻的时候，看到它的样子，"天将降大任于是人也"，它一定想通过这件事告诉你什么。

小伙伴：我好奇的是，对于一件小事，您是怎么做到有这样的转念的呢？

永澄老师：真正关爱一个人、关注一件事，就不会有那么多负面的想法。只要你相信，你所经历的一切都是为了找一条路，让你去看见未来的样子，所以，你只要找到了这条路，就不会那么在意得失了，是不是？

小伙伴：是的，我要聚焦于以后如何做得更好，而不是沉浸在强烈的内疚、自我批判里。

这个姑娘被这个故事震撼了，原来犯错后，等待自己的不一定是指责，还有可能会因此感受到被人爱着。犯错的孩子被指责后，会沮丧、懊恼、自责、甚至厌世，而因犯错而感受到被人爱着的孩子，会正视自己的错误，从而发自内心愿意去改正，更好地走向未来。

这个姑娘对总是处于高能状态的永澄老师产生了强烈的好奇，她鼓起勇气向永澄老师提问："如何才能像你一样，拥有神奇的魔法棒，把别人的阴霾抚平，让大家对生活充满希望？"永澄老师回答："我的魔法棒就是教练的底层思维。无论是谁站在我的面前，当他向我提问的时候，我总是能够找出他背后积极的动机，从而真正地做自己，走上梦想的征程。比如，你的提问让我看到了一个不断寻找希望、怀有抚平创伤、拥有慈悲心的人。"

2022年，这个姑娘毅然跟随永澄老师学习个人成长教练课程。仅仅用了一年的时间，她不仅从胆小懦弱变得坚定自信，从严谨刻板变得真实鲜活，从自我封闭到自我救赎，更成为一名实训时长达到 350 小时、通过提问支持 100 多名客户增长心力的专业教练。

为什么教练课程能够让人这么快地成长,并发生这么巨大的转变呢?最重要的一点是,教练课程追求目标和结果,非教练课程通常追求手段和行动。这个姑娘特别希望得到大家的认可和肯定,于是她一味地讨好奉承别人,不敢和别人发生任何冲突,特别害怕破坏关系,所以只能委屈自己,换来的是把自己活成了"小透明",不受重视、不受待见。学习了教练课程后,这个姑娘清晰地知道,获得成就才是赢得尊重和认可的最好方式。于是,她不再虚与委蛇,不再假意奉承,而是真实地做自己,盯住自己的目标,持续取得成果。

另外,教练课程是专门教人怎么运作的。没学教练课程以前,这个姑娘读了《高效能人士的七个习惯》,书中提到人和事两个维度,那是她第一次知道,除了把事情做得漂亮之外,还需要关注人的维度,怪不得她自己觉得工作能力可以,大家对她的评价却不好。这也是这个姑娘学习教练课程的一个初衷,希望更加了解如何既能把事情办得漂亮,又能笼络人心。学了教练课程之后,这个姑娘才知道,人所见过和经历的人、事,最终的落脚点都在感受上。人容易被负面感受困住,你与一个处在负面感受里的人谈任何事,都有失败的风险。只有自我感觉积极正向的时候,人们才会更容易看向目标,推进事情。教练课程通过提问或反馈的方式，让对方看到自己的潜力和优势，从而找到积极的自我感觉，形成自我认同，更好地推进事项、实现目标。这个姑娘学了教练课程之后，在和人的交互中，不断地找到好的方式，不仅能够愉悦地和人交互，更逐步形成了自己的影响力。

目前，这个姑娘成了个人成长教练的优秀学员，并做了个人成长教练课程的助教，在3个月内支持小伙伴在亲密关系中实现了突破。现在，这个姑娘坚定而自信，因为真实，无坚不摧；因为紧盯目标，使命必达。爱出者爱返，这个姑娘因为教练能力，不断地支持和帮助更多的人感受到爱和被爱，从而让生命之花绽放。

目前，这个姑娘正在致力于不断精进教练能力，并将教练能力垂直应用在育儿领域上。在永澄老师的帮助下，她创建了教养家（教练教育养成专家）社群，成为教养家社群主理人。教养家是一个致力于提高教练式育儿能力、培养教练式父母的社群。教养家社群的愿景是在未来10年里陪伴100万名父母，在育儿领域做出成果，在现实生活中形成个体影响力，帮助孩子活出健康、鲜活、自主、丰盈的状态。

为什么教练式育儿越来越被大众认可呢？一是教练的正念和积极的视角。在教练的眼中，所有人都没有问题，只是暂时遇到了挑战。通过提问和反馈，让所有人都看到自己的优势，从而心生自信，突破挑战。一个教练式父母的正向和积极的态度，对孩子的积极情绪的产生会产生巨大的影响，让孩子在今后遇到重大挑战时，可以以稳定的情绪和强大的心力去应对，这是养育孩子的重中之重；二是教练强调人的自主性。教练不给建议，而是通过提问和启发，让学员自己寻找答案，从而成为自己生命的主人。一个教练式父母能做到不剥夺孩子的选择权，让孩子自己去探索、去体验，从而做出最佳决策。不仅培养了孩子的自主选择、自主决策的能力，还不断增强孩子对生活的掌控感，从而让孩子变得更加自信。

这个姑娘致力把教练能力应用到育儿领域，因为她自身的经历告诉她，父母的示范是孩子一生的范本，正确的养育观念会让孩子从一开始就走在正确的路径上，所以培养教练式父母的意义和价值不言而喻。正因为如此，这个姑娘找到了自己的人生使命，是支持和帮助更多的家长找到教练式父母的状态，托举更多的孩子绽放生命。

通过不断支持和激励更多人发现自我价值、享受生命，这个姑娘也充分领悟了人生真谛：只有在自我实现的同时，才能发现生命的意义。这个姑娘坚定地走向自己的使命和梦想，即使遇到挑战和困难，她也用积极的心态和行动解决。她坚信，自己一定可以影响更多父母，激励更多孩子，让他们找到生命的意义。人生的意义不在于别人的评价，也不在于他人的认可，而在于我们自己找到灵魂的价值，发现心灵的真我，传递爱和希望给他人。

这个姑娘决心继续努力与进步，不断成为更好的自我，鼓舞更多的人。

如上，是我分享的故事，没错，这个姑娘就是我。如果你也想像我一样，实现人生的蜕变，活出自由绽放的状态，请你联系我，听我讲一讲发生在我身上的关于转变的故事。如果你需要教练的加持，突破卡点，使命必达，请你联系我。如果你也想要找到教练式父母的状态，教育出优秀的孩子，也请联系我。

谨以此篇，特别鸣谢对我影响至深的易仁永澄老师。

慧峰

激发潜能的成长教练
热气腾腾的生命体验家
自由职业互助社群主理人

生命的觉醒——我与自己的重逢之旅

谨以此文献给在我生命中出现过的每一个人——感谢我亲爱的父母，每一位曾经的同事、朋友、老师与伙伴。你们是我生命旅途中重要的旅伴，也是我成长的见证。你们每一个人都在我的生命与成长中留下了不可磨灭的印记，点亮了我生命中的那盏心灯！

成长到某个阶段，我开始敢于敞开自己，直面人生过去的伤口。那些记忆随之苏醒，隐秘而深埋的疼痛也随之升华。然而，疼痛背后所蕴含的，是属于自己的独一无二的人生故事。接下来，且听我慢慢道来。

那些你不知道的过往

我叫慧峰,这个名字寄托了父母的美好期待——登上智慧的巅峰。然而,命运和我开了个玩笑。

在我5岁时,母亲就去世了,九年后,当我正值青春期时,父亲也永远地离开了我。

一次次死别,让我的世界分崩离析,我开始了颠沛流离的生活,辗转在各个亲戚家,后来和姐姐拼凑出一方安身之处。当时的经历,让我失去了对未来的憧憬,在我初中快毕业时,我就打算不上高中,想学个技能,早点参加工作。那个时候,我内心有一个声音催促我,"你一定要走出去看看"。

后来,我选择去外地上学。毕业后,我在外地工作。每次回家,姐夫总是劝我:"女孩子早点结婚更好。"我不会表达自己的想法,只能无声地坚持自己的选择。来到南方的第一年,我和领导发生了争执,辞掉了学校分配的工作,自己找了一份新工作。虽然工作很辛苦,但我喜欢和同事们一起奋斗的感觉,周末也总是忙个不停,边工作边学习。这是我人生的第一个阶段,意气奋发,敢于和领导理论,对身边的同事超级友善,还喜欢和客户聊天,除睡觉外,我几乎每时每刻都待在工作岗位上。那时,我对职场规则一无所知，就是一个天真烂漫的姑娘，心直口快，爱工作，我始终记得父亲工作时的样子：善良、温暖且努力。于是在工作中，我努力发挥自己的潜能，并因此连续几个月被评选为优秀员工，最后获得晋升的机会。为了提高自己，在调休时，我会去图书馆学习，也报了各种培训班，虽然最后由于种种原因没有坚持下来，但是这些尝试让我开阔了视野，对生活保持着热爱和好奇。

刚踏入社会那几年，我觉得自己做对了三件事：想做就去尝试，做一个善良、温暖的人，坚持学习与探索。这些塑造了我成长的轮廓，并且仍在我的生活中发挥着积极作用！

正当我准备安定下来时，一个错误的投资决定打破了我的平静生活。我不仅工作没了，还背了债务。我决定离开南方，前往北京。刚到北京时，我和几个小伙伴一起，把钱花得差不多了，甚至一度睡在公园里。庆幸的是，来北京一年半后，我终于通过努力，还清了所有的负债。

人生也进入新的阶段，由负转正。我开始积极参加各种读书活动，失败的教训让我意识到学习和成长对我而言多么重要。于是，我一边工作，一边提升学历，同时也开始参加线下读书会，疯狂学习，一年里可能上20多门课程，但是都没有坚持很长时间。后来，在机缘巧合下，我开始写作，写了整整三年，陪伴我度过了疫情时期。2021年年底，我隐约感觉可以做一些事来帮助身边的人。此时，我遇到了人生中很重要的一位老师——易仁永澄，他帮助我走上了教练之旅。

在旅途中，与久违的自己邂逅

在开始学习教练技术之前，我是一个理性至上的人。我崇尚各种时间管理与提高效率的工具书，严格规划每天的运动、学习和工作，力求高效地完成各项任务。工作和学习几乎占据了我全部的时间，每周六、周日的安排比工作日还要满，不是在学习就是在去学习的路上，很少与朋友相聚。有一次，朋友约我周末出去吃饭，我婉言谢绝。直到她抱怨，我这才惊觉，虽然我们同在北京，却已经半年没见过面，朋友说："你天天追求效率是为了什么呢？"这句话直击我心扉，我终于醒悟，努力追求效率、拼命工作，不就是希望更幸福、体会生命的美好吗？

从那以后，我开始学习放下理性分析，活在当下。每周，我会和朋友见面吃饭，我们谈笑风生，不再像从前那样追求完成计划。有一次，为了给新伙伴们一个惊喜，我特意提前策划、准备资料，帮她们创造了许多美好的回忆。

我逐渐意识到："生命里最宝贵的莫过于这富足的情感时刻，理性追求的生产力终究难以与之相媲美。"教练技术让我学会在生活中做一个注重情感的理性人,理智并非与感性敌对,两者缺一不可。用理性规划生活,但也要学会用情感体察生命。

事实上,生命的真谛来自我们内心理性与感性达成的统一。真正的智慧,往往体现在对生活的平衡与包容上。正如珍妮特·温特森所言:"生命就像一张白纸,理性为它提供规划,感性为它涂上色彩。"

在职场时,我是一个老好人,习惯顺从领导的需求和妥协退让以满足下属的需求,性格温和,不喜争执,很难拒绝他人的请求,这使我常为他人着想,却时常忽视自己的需求。记得有一天,同事找我沟通一件事,我本想直接答应,但突然意识到自己已经到了下班时间,忙了一天身心疲惫,如果继续工作下去,迟早会崩溃。我鼓起勇气对他说:"我真的太累了,想好好休息。这个我明天再帮你做可以吗?"他有些惊讶,因为我很少拒绝他,但他也理解我的困难,二话不说就答应了,让我好好休息。后来回到家,我关掉手机,静静地待在家里。我睡到自然醒,做些轻松的运动,照顾好身心。虽然只有 2 个小时的放空,但我的身心得到了久违的休息。我逐渐意识到,要想帮助别人,首先要学会照顾自己。从那天开始,我学会勇敢地表达自己的心声。我知道自己的需求不会与他人相悖,相反,只有满足了自己的需求,才可能成为一个更好的倾听者和助人者。

教练技术让我改写了自己的剧本,我看到了之前那些被自己忽视的情绪，从受害者和被抛弃者的模式中走出来，明白了爱自己是多么重要。教练技术让我明白，父母给予我生命，本身就是最深沉的爱，过往的一切经历都是生命送给我的礼物，唯一目的就是为我的成长服务！教练技术让我意识到，唯有不虚此行才是真正的人生目标。

教练是热爱生命的启发者、新征程的指南针

在生命的旅途中，你是否也曾像我一样不明白生命的意义？工作多年，我一直在寻找内心热爱的东西。虽然工作会让我有成就感，但调整工作中的那些负面情绪需要耗费太多精力，健康状况也不理想。2020年，我曾希望将来从事像心理咨询师这种助人的职业。

学完教练技术后，我有幸与一位客户对话。我们在网上预约第一次对话，通过软件远程教练。在沟通时，我发现客户很疲倦和迷茫。她说最近总感觉对工作失去热情，提不起劲，但又不知该何去何从。我静听，教练结束后她眼中泛起光芒。她终于明白，工作中的烦闷并非来自客户或事业本身，而是自己内心的疏离。她需要重新拥抱最初的梦想，感悟工作的意义所在，她在最后对我为她点亮心中的那盏灯表示了感谢。

在教练过程中，还有许多感动的瞬间。我看到客户的生活逐

渐变好，自己也很感动。我深深觉得，教练技术不仅在于表达技巧或方法论，更在于真诚地倾听与被倾听，一同探寻生命的意义，重新找到自己最初的期许。

当我们在生命旅途中与他人的心灵产生共鸣时，心灯便会被点亮。我希望作为教练的自己，能在他人的生命旅程中，成为倾听与产生共鸣的伙伴，点亮那些快要熄灭的灯。

生命，一场与心灯同在的无限游戏

正如这本书的名字"重塑人生"，我问自己人生到底是如何被重塑的？回望过去，我发现第一步是重塑自己的信念与想法，改写深植心底的人生剧本。然后，找到自己的追求。未来的生命道路迷茫未知，但只要敢迈出脚步，若干年后，生命定会呈现出崭新的模样。生命就是一个不断翻新的过程。在生命的旅途中，你也许和我一样迷失过方向，但当你遇到那个点亮心灯的人时，你就能重新找到前行的方向。

教练，就是生命中为我重新点亮心灯的人。通过教练，我找回了自己；通过教练，我重新拥抱失落的梦想。生命的意义不在于目的地，而在于一路的风景与体验。

希望世界因你我的存在而更美好，我们在创造生命的道路上一同冒险，继续踏上人生这场无限游戏的旅程吧！

Blinker

用辩论的思想走成长的捷径

不惑之年，不惑之心

人生如一幅由不同生活片段组成的画卷，有的片段令人心生美好，却转瞬消失无踪；有的片段乍看平淡无奇，却在倏忽之间为人生画上崭新的一笔。

我的人生已经过了 40 年，基本可以分为两个部分：前半部分在 2018 年以前，如同一般人一样平庸：上班"摸鱼"，下班回家打游戏、敷衍地带一下娃。我在默默流逝的时间中感受到快 40 岁的自己已经开始逐渐退化，然后在不断重复的游戏中寻找多巴胺。直到发生了一件事，才按下了改变我的人生的按钮。

第五章 幸福密码

那是一个到现在依然会时不时浮现出来的画面：大概在 2017 年，我家 5 岁的女儿情绪不是很稳定，经常一下就进入歇斯底里的状态，不顾一切地大哭大叫，一直发泄到自己声嘶力竭为止。我们用过各种方式，都没能解决女儿的情绪问题，当孩子的情绪突然暴发时，我们只能对周围的人赔着笑脸，颇有点手足无措。

那年夏天，我们听说有些疗愈音乐会可能会对孩子的情绪缓解有帮助，然后就带着娃去了。那个地方在一个小巷子里的一个老楼房，我们到的时候，里面的人正在排队入场，而这时孩子又因为一点小事崩溃了。她放声大哭着躺在地上，用力挥舞着双手，听不进去任何人的话。做了一辈子乖学生的妻子面红耳赤地阻止孩子无果，直接把孩子抱住，夺门而出。我手忙脚乱地拿着包在后面追。

因为孩子一直处于歇斯底里的状态，妻子没走多远就坚持不住了。孩子挣脱怀抱，直接摔在路中间，哭喊得更大声了，她妈妈拉她，她不管，再拉，还是没用。妻子终于也崩溃了，坐在路旁，捂脸痛哭。

终于跟上的我看着两个都哭得颤抖的人，一个念头涌了上来：以前对生活中各种问题的逃避和敷衍，总归是要还的。

我走过去，抱了抱妻子："没事了，我来！"然后扶起女儿，一起坐在路边，陪着哭闹的她。

自那以后，我开始自己摸索和学习儿童情绪处理的相关知识，为孩子寻找有效的干预手段，与家人一起度过了这个艰难的时期。

这个事情对我来说是一个提醒：孩子的问题是一个新出现的问题，如果我之前就主动接触和学习，那么未必会出现当时那么令人抓狂的场景。如果我们自己不主动改变和适应生活，那生活迟早会逼着我们改变。世界变得这么快，以前那个只凭一个特长或者一份工作就能平平淡淡过一辈子的时代已经过去了。

从那以后，我逐渐认识到：要更好地掌握自己人生的主动性，就要主动学习和创造。于是，我开始看书，但发现自己看不下去，没啥效果，就开始报班学习如何阅读；阅读完了，发现自己记不下来，又报班学习如何做笔记。我相信从基础开始摸索，会更有利于我找到成长的方向。

幸运的是，摸索不久后，我就遇到了辩论。

2019年，我上了表达学院的课程，见识了思辨的力量，也发现了审视问题的新视角。原来混沌的世界，我似乎能看清楚一点了。

在那之后，我逐渐把主要的精力都投入辩论这项活动中。一次次激烈又拉锯的赛前讨论、一场场从菜鸟到入门的比赛，让我不断地沉浸在各种人生困惑之中：面对职场内卷，我该卷入其中，还是抽身离去？面对家里的代际冲突，我该沉默退让，还是坚持自己？对于自我挖掘，我该鞭挞自己的脆弱，还是放自己一马？……我带着满脑袋的问题找资料、听课，每有所得，则不断模拟如何能在辩论场上更好地表达出来。在一次次不被外人理解的探索、思考、练习中，我逐渐发生了改变。

父母和老家的亲人因为口角闹得不愉快，不想往来了，我开导父母："说话不中听，只是因为不会好好说话，可以体谅；而能一直说话得体，是很厉害的本事，值得欣赏和学习。"最终解开了他们的心结，与亲人重归于好。

客户项目投标时，通过与客户交流，我说服客户放弃一味压价的做法，建议做出突破性的尝试，最终客户不但竞标成功，还与我成为关系密切的合作伙伴。

为给孩子更宽松的学习环境，我选择离开市中心，放弃教育强区的学位，送女儿去读私立小学。两年后的现在，我们的决定取得了正面的结果。

朋友纠结如何让自己的创业公司在原有业务和风口业务之间保持平衡，没涉足过相关行业的我与他在几番长谈后，他得出了新方案，把公司业务切割，以风口业务的产出辅助核心业务的长期布局，让他的公司获得了一定的增长。

……

其实每个困境对于我来说，仿佛就是多个辩题的结合，辩论其实早就为我的生活提供了解题方向。在一次次的解题过程中，大家都给了我"精准"和"清晰"的反馈。对此，我进一步发现，这其实就是对于困境的识别和解读，我在底层的一个角度去看困境背后的困境，或者说问题背后的真问题：父母的困境，是人际关系边界的问题；孩子的困境，是教育供需匹配的问题；客户和朋友的困境，都是企业内部对新业务定位的问题……我似乎正在解锁一个叫"大局观"的技能，它是辩论中的一个术语，也是一个高手才用得好的技能：在辩论场上用起来，有运筹帷幄之态；在生活中则表现为，面对问题，从一个更高的维度、以更大的视角来审视、计划。

这是辩论带给我的礼物，是我每一次因为各种辩题而挣扎在痛苦中时所获得的礼物——馈赠往往藏在你的痛苦当中，因为痛苦背后一定有着巨大的渴望和力量。

精准、清晰和大局观，让我在这40岁的关口，开始真正走向不惑。

在这之后，我又进入了成甲老师的社群学习。在这里，我体验到的是另外一种模式——与各行各业的学习很厉害的人成为同学，营造出一个纯粹的学习场域，相互交流、碰撞。我们用一年的时间学习一本书——《高效能人士的七个习惯》，用老师的话说："慢，才能快。"

而在这个共修的过程中，我惊喜地发现，哪怕在这个高手如云的场域中，我的精准、清晰和大局观依然是我的优势：我会寻找问题的本质、积极倾听、多角度思考、"看见"伙伴和共情他人,以及激发伙伴的内心力量。将在辩论中学到的东西迁移过来,组合成了我的新技能,我正在成长为更好的自己。

当然,光学习还不够,我需要在各种场合中实践。

为给更多人提供参与辩论的机会,我们于 2020 年组建了"表达者联盟",开展线下辩论活动。从参加辩论到举办辩论活动,身份的转变给我带来了新的感悟和收获:喜欢这项活动的人,比我们想象中要多。其实大家都需要一个平台激发思考,参与碰撞。大家也都希望能有个机会,能把自己内心中的某个故事,借由某个主题,讲给世界听。

随着我们活动参与的人员越来越多,很多人会主动跟我们说,"我喜欢今天 XX 的观点","谢谢你们,讲出了我想讲的话"。而我们除了自己下场打比赛,还帮助那些想表达但又有顾虑的伙伴,陪伴他们在一场场的比赛中一步一步地成长。我们发现,我们的活动的确能传递力量和价值。

让我印象深刻的是一场题目为"社恐要不要勉强自己去社交"的比赛,这个题目是大家投票选出来的,是最多人想听的题目,当天场上的辩手说得令人动容。

在那天的讨论环节,我注意到一位观众戴着口罩和帽子,极度紧张地站起身来。我能感受到他内心的挣扎,整个人都在克制地颤抖。他开口时,声音断断续续,难以流畅表达:"我、我就是一个严、严重的社恐患者。一直以来,我都在和自己的恐惧与焦虑做斗争……今天、今天的讨论,给了我勇气,让我觉得我也许、也许可以……"

他说不下去了,语言似乎已不足以描述他内心的感受。但我知道,在那一刻,他已经下定决心要走出第一步——不再被恐惧禁锢,真正拥抱生命。全场都被他的勇气与决心打动,掌声久久没有停歇。而我则再一次体会到表达的力量——它唤醒我们心底最深沉的渴望,给人以翱翔的勇气。这位观众的故事让我明白,我们付出的每分每秒,都是在让自己变得更加勇敢与自由。

这位观众发言时的画面一直印在我的脑海中。它在提醒我,传播表达就是传播力量。类似这样的例子还有很多,也正是这一个个的事件激励着我们把活动办下去。

在这些活动中,我逐渐进入了下一个阶段:在自己专注并逐渐擅长的领域做出自己的贡献,既让个人得到成长,也能感受到幸福。

我帮助亲密伙伴完成蜕变,让她从职场逐渐走向自主创业;我也让共学的伙伴走出家庭关系困境,解开多年心结,与父母重归于好……我沉醉于这种让美好穿过自己,再传递给身边人的过程。

现在,我迈向了我的下一个目标:个人成长教练。我相信它能帮助我变得更加精准、清晰和具有大局观,也能拥有传递美好的力量。

回望过去,曾经的我年将不惑,心里却有非常多的惑。感谢辩论,也感谢热爱辩论的自己,一步步走上不惑之路。所谓不惑,并非指对所有事情都没有疑惑了,而是关注真正重要的问题,放手让其他烦恼随风而去。

我将带着不惑之心,走向下一个人生关口。在这条路上,我将与有同样信念的人一起,见证更多生命的蜕变。

第六章
生命绽放

璇子

在培训行业深耕10余年
个人成长教练
终身学习者

什么拯救了我,我就用它来拯救世界

我出生在一个幸福的家庭,从小就衣食无忧。父母竭尽所能地给我好的生活、好的教育和资源。在外人看来,我是一个乖乖女,在学生时代,努力学习;工作之后,勤勤恳恳,尽职尽责,用心对待身边的每一个人。

不熟悉我的人都觉得我是一个特别文静和内敛的人,只有那些熟悉我的人才会发现我的热情。看似平静的生活其实有很多不平静,这种不平静来自我的内心。

只有我知道,我一直生活在焦虑之中。生活看似平静,但我的内心不平静，我总觉得我的人生不应该是这样的，我还有很多能量没有发挥出来，感觉自己被"封印"了。

我做过很多尝试，曾经学过非常多的课程，如个人成长、各种技能类的，表达、沟通类的，还有各种训练营，可是作用都不大。我还是那个普通的我，放到人堆里就会被淹没的我，没有想象中那种惊天动地的成长和变化。再后来，我成为一位母亲。小生命的到来让我感觉到充实和喜悦，可是这种喜悦也是非常短暂的，那种焦虑又经常来访。随着年龄越来越大，可总感觉自己兜兜转转找不到出口，感觉自己的力量被封住了。我觉得自己是个loser（失败者），虽然看起来不缺什么，虽然看起来很上进和努力，可我内心是那么的焦虑，因为我无法对自己感到满意。

我一直觉得自己可以帮助很多人，但又觉得自己没有这个能力。是啊，大千世界，芸芸众生，我那么的平凡，可以做些什么呢？我一直想做些什么发挥自己的光和热，但又觉得自己没有光和热可以释放。我渴望关注，又害怕关注。我就这样前进几步，又停下，不甘心时再向前几步。

终于，这一切在我学习了教练技术之后改变了。不知你是否了解教练技术，是否在某些场合听说过教练技术？

教练经过专业的训练，来聆听、观察，并按客户的个人需求定制教练方式。他们激发客户自身寻求解决办法和对策的能力，因为他们相信客户是有这个能力的。教练的职责是提供支持，以增强客户已有的技能、资源和创造力。

通过学习教练技术，我发现自己身上有了神奇的变化。过去我是一个特别喜欢攻击自己的人，不管发生了什么事情，脑海当中浮现的第一个念头都是对自己不满意，不管是做得好或者不好，都会特别关注自己哪里还没有做好。经过持续的学习，我不再把那些细小的情绪掩藏起来，而是自然地表达自己的情绪。我不再独自消化那些情绪，而是发现它、拥抱它，与它共存。

渐渐地，我发现了自己的很多行为模式。比如，通过不断打压自己、攻击自己来获得动力；比如，对于全部、完整有一种执着，当得不到这种完整，就索性全部放弃，担心遗漏、担心犯错；比如，很多时候看不到自己做到了什么，第一反应是我哪里没有做好。刚开始，我痛恨这些行为模式，我觉得它们阻碍了我变得更好。随着学习和练习的深入，很深刻地意识到其实模式是没有好坏的，比如说追求完美这个模式，它让我对自己有严格的要求，让我自己成长和进步得更快。关键在于我们应该怎么利用这个模式达到自己的目的，这个是非常重要的。学过教练技术后，我和这个模式慢慢和解了，它就像我的一个老朋友一样。当它来的时候，我能够感受到它。我会对它说，老朋友，又来陪我了。然后看它又悄悄地走了。

之前，我是一个喜欢自己想办法的人，就是我遇到任何问题都不会找别人求助。我一定要用自己的力量把问题解决，才觉得自己成长和进步了。现在,我会主动寻求他人的帮助,去寻找外部的资源。因为我相信,只要是自己想做的事情,不管是靠自己的能力做成的,还是靠他人帮助做成的,只要目标达成了就可以。

在一次次的教练对话中,我逐渐绽放了自己,我发现原来我是拥有能量的,我是可以释放光和热的。我探索出很多的自我形象。我本就有价值,无论外界是怎样的,我的内心稳定而平和,我可以创造出新世界。

我是积极创造、不达目标誓不放弃的人。我是拥抱变化和不确定,把所有经历变成财富的人。我是强大的、无所不能的、战无不胜的人。

我是学习别人的经验和做法、不断整合创造的人。我是不断积累、统筹推进、做少得多的人。

现在的我,越来越自信、越来越敞开,并且我愿意用我的教练技术帮助那些像我一样的人,帮助那些内心有渴望却找不到动力的人,帮助那些平凡的人,活出精彩人生!

苏晓玲

生命探寻者、学习者
两个孩子的妈妈

开启更有觉知的生命旅程

我于1981年出生,今年42岁。人到中年,生命的故事脉络开始清晰起来,我的主要故事迄今为止分为四段。

第一段是一帆风顺的求学阶段。我在舟山的一个小岛上读的小学和初中,然后考入了县里的重点高中,又考入浙江大学,读了管理学院的本科,后来保研,2006年4月毕业。

第二段是2006年5月至2008年9月,我的第一段职业生涯。考四大未果后,我在学校招聘会上找到了我的第一份工作。这家公司位于宁波北仑,是一家出口型制造公司。老板任总毕业于清华大学，他进入公司后，先后在企管部、营销部任职，后来内部创业。无论是公司、老板、团队，还是工作内容，都是我非常喜欢的。在这家公司工作的两年是我人生中最自由、最开心、最富有成就感、最充实的时光。

第三段是 2008 年 10 月至 2017 年，生活发生了巨大的变动。

2008 年 10 月，我离开宁波的这家公司，结束异地恋，来到了男朋友工作的无锡。

2008 年 12 月，我妈妈得了重病，我赶回舟山，医生告诉我她的病情很严重，我开始了长达八年的陪伴。为了更好地照顾我妈，我找了一份相对自由的可以在家工作的咨询公司的研究分析工作，公司地点在上海，我只要定期过去开会就可以了。

2009 年 3 月，我弟弟得了重病，我又一次赶回舟山，陪他度过了两次抢救。

2010 年 2 月，我陪我弟弟去做了一个外科手术，陪伴了他 1 个月。

2011 年 4 月，我结婚了，随后第一个孩子出生。

2012 年 11 月，我妈妈做了一次外科大手术，我陪伴了她 2 个月。

2013－2014 年，稳定的两年，我终于可以安心投入工作。

2015 年 3 月，我的二宝出生了。我妈的病情复发了，她和我一起迎接二宝的到来，陪我坐月子。

2016 年 4 月，在长达半年的奔波、等待之后，我妈的器官移植手术成功。其间，我抱着才一岁的二宝多次往返于杭州和无锡。

2017 年 10 月，我陷入了情绪的低谷，触发点是我的第一家公司上市了，这让我重新去思考我这些年来的选择，发现 2008 年好像成了我生命轨迹的分岔口。

第四段是 2017－2023 年，我开始了对自我的探索，结识了永澄老师，参加了教练课程，并且因为教练项目，走上了自我成长之路。

现在回头看 2008 年，那时我做出了人生当中最大的选择，我离开了一家我喜欢的公司，为了与男朋友结束异地恋，换了个城市，又遭遇了家人接连重病。这 4 个事情完全改变了我之后的人生轨迹。从 2008 年到 2016 年，我主要的注意力放在我妈的病情上，我每年最大的心愿就是希望我妈能够康复。然后，在这段时间里，生了两个孩子，我努力做一个 100 分妈妈。工作放在了家庭之后，我内心的想法是我必须先安排好我妈和孩子，然后工作能够兼顾就满足了。

其实我是一个事业心比较强的人，毕业后的理想职业是做一个大企业的高管。那时候，自己看着身边的同学发展得很好，去大公司或者创业，心里非常羡慕，但是并没有认可自己内心那种特别强烈的渴望，处于比较失落的状态，所以手头的工作并没有给予我激情和成就感。加上家里没有人帮我照顾孩子，与老人之间也有一些摩擦，在这样一个环境下，我想：过一天算一天吧。我没有规划过未来，也不知道我想要过什么样的生活，完全是一种被动的状态。如果当时有人指导我，或者我自己能把内心的困惑、纠结与人交流，主动地找人支持我，那么我可能会有一些新的视角，关注自己的内心，而不是自我限制。

2017年，我妈手术后的第2年，她恢复得不错，赶在一个较好的时机，抓住了延续生命的机会。我就职的公司因为业务转型，我作为一个研究咨询师的工作暂停了。那时，我听到原来就职的公司上市了的消息。巨大的失落感让我反思我当年的选择是否错了，如果我依然待在那家公司，我的职业之路是否会顺利一点？我可能不用来回奔波，可以兼顾我妈以及更好地平衡工作跟生活，懊恼和后悔让我陷入了一个情绪黑洞当中。

这种状态一直延续到了2018年10月，我开始加入一个线上儿童成长社群做运营工作。2019年3月，我又加入了永澄老师的一个短训练营，并且在6月加入了个人成长教练的二期，这是一个学习社群，我开始了我人生的第一次探究自我、第一次表达自己的感受，我找到了一个让我充满热情的可以点燃我的教练去学习，找到了一群温暖、开放的伙伴。之后，我又开始当教练课程的三期助教，与永澄老师一起做了8期的英雄阅读团的读书会项目，一直持续到了2021年的下半年。我真正地全身心地投入到了一个新的工作当中，感觉自己被唤醒了，变得越来越开放。不足的部分是太关注自己的成长，以及太想在工作上有成绩，所以在那段时间，忽视了对两个孩子的陪伴。我非常感谢永澄老师的教练项目以及一群共同成长的伙伴，我找回了全力投入的感觉，并且也发现了自己的一个模式：我对某一件事情很投入，但缺乏一些更长远的规划，也不敢设立目标。

2022年，当时因为疫情的原因，加上线上项目的结束，我从非常忙碌的状态变为空闲的状态，我想把重心转到孩子身上，结果又陷入了情绪的低谷。这次更像是中年危机，来到人生下半场，我清晰地感受到时间流逝之快，焦虑控制了我。还好，在这个过程当中，我获得了很多教练、伙伴的支持，像笑笑、泡沫、勇泉以及我在做儿童社群期间认识的kun老师。

在他们的支持下，我重新从低谷里面走出来。2023年，我开始去校友会，在那里给自己找了一个工作，慢慢地找回了自己。这次的低谷给我带来了一次巨大的改变，我的课题变成了接纳人生的真相，然后与之达成和解，我希望自己变得更有勇气、更坚定。

迄今为止，我前半生的故事主要是2008年末的那些选择和变故，我一直纠结如果我当初留在宁波会如何？现在是否会有一个更好的事业？既可以满足我的职业追求，又兼顾了我的家庭。那些对过去的懊悔就像一个黑洞一样，时不时把我抓进去。另外一方面，人到中年，感受到生命的有限以及时间流逝得非常快，可能是因为我经历了比别人更多的曲折和变化吧，我更加敏感地感受到了人生的无常以及心理危机所带来的挑战。

现在的我，慢慢地放下了那种纠结，接纳了现实。学教练技术让我多了很多可以看到自我的视角，更好地接受我自己的人生经历，把它变成一种财富。我现在变成了一个生命的探索者，接受自己，认可妈妈的身份，同时更加珍惜时间，对自己的生命状态更加有觉知。同时因为自己的经历，我想更多地支持一些年轻人，当他们面临变故和挫折时，可以帮助他们。我对未来充满期待，勇敢地去做自己想做的事。

过往不恋，当下不杂，未来不迎，探索不止！

林木

专注于服务长期客户的成长教练
品质、有趣生活专业"种草机"
项目落地操盘手

我的教练连续剧

2018年9月12日，我报名了易仁永澄个人成长教练第三期课程，学费对于当时刚毕业的我来说，算是一笔不菲的开销，但是转账的那一刻，我并没有因为银行卡仅剩两位数的余额而感到难过，相反，我因感受到了人生即将扩容而充满希望……在2023年6月13日回看那时的自己，我觉得自己真是太了不起了！因为我做了我人生中超棒的选择。因为相信，所以看见。

如果后续发生的是一部连续剧，那么，我先给你讲一下故事的开篇。

开篇：此教练非彼教练

我从没有见过哪一个行业的教练是不指导学员的，但个人成长教练中的教练就不会在教练过程中给学员提供任何建议。

在 2019 年 10 月至 2020 年 5 月，我进行了个人成长教练第三期课程的学习。那个时候，我每天脑子里都写满了问号，人称"江湖铁娘子"的我，每次在做练习的时候，内心都有好多声音在反复出现：

"这个问题也太简单了吧，这哪儿算个问题……"

"拖延症？做个目标规划，行动起来就行了……"

"她怎么反反复复的就这么几句话……"

"深呼吸、深呼吸，不要着急，慢慢听对方在说什么……"

我喜欢玩《红色警戒》游戏，迅速地搭建好自己的军事基地，以摧枯拉朽的方式战胜敌人。这样的我，需要听一个人不断地描述他所遇到的挑战，还不能给建议，要真正地站在对方的视角，了解对方是如何突破挑战、到底要前往何方？这对我来说，可真是太难了。

递进：放慢 1.5 倍速的人生

永澄老师问："追求效率对你来说，为什么那么重要？"

我说话语速很快，对任何突发的问题都能够很迅速地灵活应对……朋友们总调侃，我的人生像开了1.5倍速的视频一样，画面闪动极快。

让我从"1.5倍速人生"回归到"常速"甚至"慢速"状态，教练真是功不可没。

永澄老师总是问我一个问题："你想要的是什么？"我可以迅速地找出100种不同的答案，但是看到注视着我的永澄老师，那一刻，我语塞了，我不想用看似合理的答案来回答。

我想要的是什么？

这么追求效率能给我带来什么？

我在着急些什么？

我要活出什么样的人生？

……

这些问题，好难呀！难也代表扩容，要拿出一个对自己负责任的答案。我开始慢下来认真体验，正是因为一次次的教练对话，我看到了客户不同的人生节奏，明白了原来人还能这样活。

当我开启了慢速人生，我发现我可以聆听到的内容更丰富了，直接从"黑白电视机"升级成了"激光电视机"。在一场教练中，我能够观察到客户的表情、动作，我能够感受到客户的情绪、状态，甚至能够通过他的语言，看到他是如何走到我的面前，理解他当前在说些什么，明白他未来要去往何方……

应用：学以致用，是对学习最大的尊重

永澄老师说："你一定要去用，有问题第一时间来问我。如果不去实践，学习的内容只能停留在脑海中。"

学习教练技术后，我最开始将其应用到了我和母亲的关系中。我的母亲是一位典型的"你妈觉得你冷"的人，母亲的关心我都知道，但是总被这么关心，我觉得很无奈，有时候甚至不耐烦。后来，每次与母亲一起做事情时，我都会问她一些问题，如："你想要的是什么？""你今天计划穿哪身衣服出门呀？""你怎么这么棒，今天中午学了新菜式。"有趣的是，当母亲被我一次次提问后，她也开始以这样的方式对待我，遇到事情再也不会自以为是地做出判断，而是问我想要的是什么，然后对我的选择表示支持。当她不赞同的时候，她也会表达出来，但是仅仅限于表达，还是会尊重我的选择。

我还有意识地将教练技术应用到了我和我对象的恋爱关系里，让恋爱保持甜蜜。我们两个经常出现的一个场景就是"辩论比赛"，谁也不服谁，但是很多时候赢了道理，却输了结果。谈恋爱可不讲道理，从"对方辩友"变成"男朋友"，我们两个商量的规矩是"先关注对方，再关注对错"。有一次，我不小心崴了脚，他下意识地就开始了讲道理，什么走路看手机不注意、穿

的鞋不适合逛街、没有提前判断等等，原本就很委屈的我变得更委屈了，于是我提出了我的需求："你要是医生，就给我医疗建议；你要是老师，此刻我并不想听说教；你要是我的男朋友，此刻要先关心我疼不疼。"他突然意识到自己的错误，我也给了他一个台阶下，说"重新来吧"，于是他的第一句话是"崴了脚疼不疼？都怪这双鞋不懂事儿……"听到这儿，我俩都笑出了声，我的疼痛仿佛也舒缓了一些。从那以后，他每次遇到问题，再也不是先讲道理了，而是换成了"你怎么这么棒？你是怎么做到的？""我想分享给你一个事儿……"

解绑：和教练团队做有爱的项目

永澄老师说："做个'有情人'，做个有爱的项目。"

学习了教练技术后，我加入了永澄老师的项目组，从助教到助教负责人，再到项目负责人。这是一个很有意思的项目组，3人为一个小组，每个小组配备了一名助教，助教由往期的学长、学姐担任，助教对新学员的每次练习进行反馈。不同于其他商业助教，这里的项目组成员有以下三个特点。

特点一：关注进步。

具体表现在每次练习结束后的30分钟内，助教会实时反馈给学员哪些部分有效；在项目组伙伴的协同中，大家也会关注其他人做得好的部分。"你可太了不起了!""你太棒了!"是项目成员微信群中出现最高频的两句话。

特点二:相互鼓励。

这具体表现在,哪怕只有一点点进步,助教也会为你的进步欢呼喝彩。

特点三:相信和主动。

这具体表现在协同时,成员之间有着深深的信任,"你是否需要支持?""我能为你做些什么?""我来!"是大家常说的话。

这大概是诸多创业者梦寐以求的团队吧,团队成员的自主驱动性极强,每个成员都在"做到-看到-放大"有效性,有效的部分像一个火球,越滚越大,逐渐让事情做成。学长和学姐毕业后,加入项目组,把自己感受到的支持传递下去,一期一期地支持新的同学们。

成就:做共赢的事

永澄老师说:"人在自我发展中有四个阶段。"

第一个阶段是"倒霉熊"阶段,常听到的话就是"怎么倒霉的总是我?""麻烦怎么总找我?""怎么有这么多事情啊?"遇到事情,人们总是在抱怨,希望避开所有让自己感觉有挑战的事。

第二个阶段是"被动响应者"阶段。挑战和不确定性来了就来了吧，我解决掉就行了。在这个阶段中，人们从关注情绪、抱怨到关注问题的解决方法。

第三个阶段是"主动响应者"阶段。主动响应者会向前一步，多考虑一步，提前规划事情，积极主动地应对当前遇到的挑战。

第四个阶段是"创造者"阶段。这个阶段的表现是事情经由我发生，我一定可以解决。

现在，我很骄傲地说，感谢教练的不断塑造，我有了更稳定的状态和更丰富的感受，完成了自我发展从第二阶段到第三阶段的突破，可以昂首挺胸大步迈向第四阶段。

如果你也喜欢，一起加入我们吧。

未来

教练型教师
日复盘践行者
培养"学霸"的"学渣"妈妈

教练让你的未来,现在就来

我特别喜欢《荀子·修身》中的一句话:"道阻且长,行则将至;行而不辍,未来可期。"

我总会把自己定性为只有三分钟热度的人、拖延症重度患者以及完美主义者,万万没想到,经过学习教练技术,我体验到了相信自己所带来的力量,战胜了完美主义。如今,我成了一个眼里有光、心里有爱的人。

相信自己，不是说出来的

20多岁时，我非常容易相信他人、依赖他人，从没想过要长成大树，而是心安理得地去做一棵小草，敬佩着大树的高度、依赖着大树的庇护，享受着大树带来的一切滋养。小草要做的就是仰视。因此，关于学习、生活中的各种问题，我都喜欢问他人的意见。朋友曾这样描述我："你呀，就像是一个移动着的问号。平时不工作，一遇到事情，就开始逮着谁就问谁。"朋友说得对。实话实说，我也想要特别硬气地说："这事儿听我的，准没错！"但我就是没办法做到，因为这个年纪的我给自己画了一个圈，相信圈外的所有人。套用一句时尚的话："我相信全世界，唯独不相信我自己。"

30多岁时，我越来越尝到了过于相信他人、过度依赖他人所带来的恶果。我太享受直接拿着他人给予的答案，太习惯依赖他人给我做决定，以至于需要我自己做决定的时候，完全没有办法。我体验到在上有老、下有小，需要拼事业的年纪，需要做决定却无能为力、无可奈何的悲哀。

2019年10月27日，我心心念念的个人成长教练培训第三期课程终于开班啦，这可是我等待了足足4个多月的课程。要知道，我好不容易从第二期被拒绝的阴影中走出来，这下终于盼来了光明。

学习教练技术的过程就是一次自我探索的过程，从最初的笨拙，满满的都是对自己的评判，到静下心来，看到自己的内在，耐心地模仿，再到时光不语、静待花开，而此刻，花开正好。

不想放弃？用教练对话"救"自己

不想放弃，不想自己刚立下的目标又无法完成！内心想着：神啊，救救我吧，但没有采取任何实际行动。

2020年1月9日，我又一次进入了上述的旧模式，时钟指向了晚上8点，第二天就要交课题申请书了，我却还没完成，准确地说，没写出一点有用的内容来。都已经磨了三天的时间了，还是写不出来，怎么办？

那一刻，脑海里的第一个小人儿说："难道你就要这样放弃了吗？"第二个小人儿回答："我不想！"第一个小人儿又说："那你就写呀！"第二个小人儿无奈地回答："我写不出来！"

看着时间溜走，什么也做不了，什么也做不成，内心有千万的不甘，却又无法潇洒地说一句"不干了"！我都能预见到，这晚注定是一个不眠之夜。熬到了晚上十二点，然后无奈地承认："我不行。"

事情的转机出现在一场40分钟的对话之后，当晚的结局变成了：一个信心满满、坚定执着的"女斗士"，坦然地入眠。我对第二天充满了期待！这40分钟里发生了什么？是有人帮我写完了申请书吗？不，是教练为我做了一场一对一的指导，我从中看到了自己的状态，看到了自己未来的样子。

天亮了，带着对自己的信任，1月10日，我斗志满满。在能力不够、材料来凑的情况下，完成了申请书的1.0版本，并大胆地向领导多申请了两天的时间，完成并优化了我的申请书。

就这样，一次教练指导，让我突破了自己，完成了看似不可能完成的任务，实现了我的目标。

未来已来，开启寻找答案之旅

通过学习教练技术，我找到了三个答案。

答案一：被重新定义的收获。

教练分享过一句话："什么叫收获？会去做的才叫收获！记住了，光是听了有感触，那不叫收获。"去做，去实践，知识才能内化，你才能有收获。

答案二：静下心来学习。

教练技术的内容丰富到你会感叹，怎么会有这么多好东西如何专注于进步而不关注表现，这就是我要学习的课程。潜心研究这门课程，必定能够实现自我提升。

答案三：你是开启自己心门的唯一钥匙。

我常常被情绪困扰，容易被激怒，尝试了觉察日记、呼吸练习、冥想之后，我总结出了适合自己的觉知日志，帮助自己消化负面情绪。想要打开心门，只有靠自己。

未来就像是一幅画，它是美丽的、五彩缤纷的。你的未来是什么样子的？由你决定，你来选择。有魅力的未来，抵不过温柔的现在；真实的现在，引领我们幻想的未来。我感恩这一路的遇见，教练让未来现在就来了。

孙佳鸣

心理学硕士
女性幸福成长教练
幸福分享师系统创始人

是谁创造了你的幸福与不幸

我写下这篇文章,希望能改变你的人生,帮助你过得更幸福!

我曾经处于人生的低谷中,整个人封闭、抑郁,痛苦到一度觉得心理咨询师也无法帮助自己。如今,我成为一个幸福、自在、内心充满了喜悦的女人。我想把我是如何转变的过程告诉大家,帮助更多人变得和我一样幸福。

首先,我问大家几个问题:

每一天,我们在追求什么?

每个人都想获得幸福,幸福到底是什么?

你是否想过，你在什么情况下才算幸福？

这些问题，是在问你，也是在问我自己！

成为自己的幸福预言家

在我二十岁生日的时候，我随手写了一篇文章，标题是《孙佳鸣的三十岁是这样的》。在这篇文章里面，我写了我想象中的十年后的样子，有怎样的婚姻、家庭，住着什么样的房子，开什么样的车，做什么样的工作。总之，那是一个二十岁的还未步入社会的年轻女孩对未来的美好畅想。

写完后，我随手放在了一边，很快就忘了它的存在。一直到我大概三十一岁的时候，偶然间发现了这张纸。神奇的是，我惊讶地发现，现在的自己所拥有的一切，跟十年前自己想象的一样。我当时想，哈哈，我太厉害了吧，**居然可以预见自己的未来。**

当我开始学习自我成长之后，才明白原来这就是吸引力法则：你的潜意识想要一个怎样的世界，你就会真的去创造和拥有一个那样的世界。我进一步发现，我经历的那些幸福的状态被我写在了纸上，而我没有写在纸上的痛苦状态，早早地隐藏在了我的潜意识里。当我发现这一切的时候，简直惊呆了。原来，**我是自己生命的预言家，我创造了我想要的幸福，同时也创造了我潜**

意识预言的痛苦。

现在想来，这是我第一次亲身体验到我的世界都是自己一手造成的。原来，人的潜意识在不知不觉中创造了自己的命运。在不知道这个知识点之前，我成了命运的受害者，怨天怨地怨人。

你为什么不幸福？

我在上中学的时候，在日记本上写了这样一句话："如果你想要快乐，就没有人可以让你不快乐。"想想那时候的自己，是多么的单纯、自信，好像这个世界没有什么可以让我不快乐。

这样的美好一直持续到我婚后的第一年，我发现原来这个世界并不是我以为的样子，我的婚姻生活开始了无休止的争吵。

我就像掉进了痛苦的深渊里一样，愤恨、恐惧、无助，除了没完没了的争吵，我不知道在婚姻里还能做些什么，每天以泪洗面，不知道为什么生活突然会变成这样。每天两个人在一起的时候就吵架，一个人的时候就哭。

我整个人开始封闭起来，不愿和任何人接触，不愿讲话，不愿做事。我的世界一片昏暗，没有任何颜色，我不知道要如何走出来。我觉得自己大概得了抑郁症吧，就去看了心理医生，可是医生说我没有得抑郁症。

大家为什么都不幸福？

我在这种浑浑噩噩的状态里不知过了多久，有一次，我去南京参加了一个公司开办的运营课程。有一位老师是心理学博士，我想跟她聊聊，看可不可以拯救痛苦不堪的自己。

当晚有一个跟老师共进晚餐的机会，但我不知道自己在恐惧什么，居然退缩了。我给自己找了一个看似合理的借口，心想我的公司这么小，别人的公司一年都有过亿的营业额，我还是把这样的机会留给别人吧。我说服了自己，放弃了机会。可是第二天，我又忍不住好奇，问聚餐的女同学，她们晚上聊了什么，这个女同学的回答让我大吃一惊。

虽然这次是商业课程，但是聚餐的女同学没有一个人问公司的经营问题，而是各自诉说着自己的痛苦，关于家庭的、关于老公的、关于孩子的。

听她一说，我内心久久不能平静：怎么会这样呢，我一直以为只有我痛苦，我是这世界上最不幸福的女人。为什么这些在我眼里光鲜亮丽的女人也一样不幸福呢？就是在这一刻，突然有一个声音问我，"孙佳鸣，你能做些什么，让这些女人不这么痛苦、让她们变得幸福呢"？

我不知道这个声音来自哪里，我却听得真真切切。这句话就像一束光一样，突然照进我昏暗的生命里。

那时的我，还在痛苦的深渊里垂死挣扎，我自己都要死不活，拿什么帮助别人过得幸福？可这一句话就像一粒种子一样，在我的生命里生根发芽。我想，我要开始改变，让自己变得幸福！

那一年，是2010年，整整十三年前。

我亲手制造了痛苦，却怪罪别人

出差回来后，我像一个久病的人，燃起了强烈的寻找幸福的欲望，一发不可收地走上了自我成长的道路。

我最开始报名了"教练技术——非权力领导力"课程，这是我让自己变得幸福的第一步。我尝试着将自己的心一步步打开，看看真实的自己，看看自己几十年来的固有思维模式。

以前，我和我老公吵架的时候，当我指责、抱怨他的时候，他问我："孙佳鸣，你就都是对的吗？你就没有毛病吗？"我那时候想：真是笑话，那还用问吗？我当然都是对的呀。那时，我从未怀疑过自己也有错，一直觉得一切的错都是他导致的，我的不幸都是他造成的。

可是通过这个课程，我看到自己是多么的强势、自恋、容易暴怒，没有理解，没有包容，我不快乐，就想毁灭周围的一切。当我看到这一切的时候，我才明白，我的不幸福并不都是别人的错，我自己也不是那样完美。

在这个一百多天的体验式课程中，我看到了真实的自己，也开始从另一个角度看到我的婚姻是如何在我的操控下，一步步走到今天的。在婚姻中，我扮演了一个受害者的角色，实际上是一个十足的加害者。

这个课程对我而言就是当头一棒，把我打醒了。原来我是一切的源头，是我自己导致了这一切，却怪罪到别人身上。

从自己幸福到让别人幸福

这个课程是我改变人生的开始，也是我迈进幸福的第一步。紧接着，我学习了一个叫"核能"，现在更名为"如是中庸"的课程。在这个可以复修的课程中，我有了更巨大的改变，我从更高的维度看待这个世界，同时开始学会带着觉知过自己的生活。

在接下来的几年中，我一直在反复学习"教练技术——非权力领导力"和"核能"这两门课程，并且开始做助教。

在不断成长的同时，我像海绵吸水一样，疯狂地接触更多的心理学课程，如"萨提亚家庭治疗""心理咨询师系统培训""沙盘游戏治疗""色彩疗愈"等。只要觉得这个课程对我有帮助，我就报名学习。我成了一名不折不扣的追求幸福的狂热者，在各类课程中疯狂汲取养分。长期大量的学习让我从一个初学者，逐渐成长为一名专业的授课导师，还研发了自己的课程。不仅如此，我还带领我的导师团队，带着一群想要变得幸福的学员，共同走在通往幸福的路上。

今生的使命

虽然有许多人在我的帮助下，走向了通往幸福的道路，让我觉得成就感十足，但是，我心里一直有个遗憾：当年对自己的承诺，即让更多女人变得幸福还一直没有真正实现。

回想自己在追求幸福的道路上遇到的曲折：花费数百万元，经过十几年刻苦的学习，途中遭遇无数挫折，走了太多弯路，最终才成为有能力获得幸福的自己。

我要如何才能把这么多年的所学所思总结出来，做成一个有效的系统呢？我想让千千万万的女人，在追求幸福的道路上，可以少走弯路，能花费更少的时间、金钱就获得幸福。

把幸福的价格打下来！让幸福变得唾手可得！为了实现这个使命，我狠心把盈利颇高的公司转交给别人。我想，带领更多人获得幸福，这才是我今生该做的事，而不是做生意场上的女强人。

成为幸福快乐的女人，养育幸福快乐的孩子

幸运的是，我在完成使命的路上，碰到了几位志同道合的伙伴。

2023年元旦，我们共同创办了幸福分享师系统。"成为幸福快乐的女人，养育幸福快乐的孩子"是我们的愿景，也是我们最朴素的心愿。

在这十几年的学习中，我们看到一个人的不幸看似来自外界，其实来自自己，来自自己的信念系统。而信念系统，尤其是那些来自潜意识的限制性信念，在不知不觉中决定了我们的一生。

在潜意识被意识化之前，我们称之为命运。我们总抱怨命运不公、运气不好、时运不佳，却不知道这一切都是由我们的潜意识创造出来的，而潜意识，绝大部分来自我们的原生家庭。一个人的童年过得幸福，他的一生都不会差，所以有了那句十分流行的话，"幸运的人用童年治愈一生，不幸的人用一生治愈童年"。为人父母，并不需要教孩子成为什么样的人，关键是看我们自己活成了什么样的人。

因此，我们创建幸福分享师系统就是要做两件事：第一，让女人们成为幸福快乐的女人；第二，让幸福快乐的人养育出幸福快乐的孩子。

让女人们成为幸福快乐的女人。只有她们自己成为幸福快乐的人，才有能力养育出幸福快乐的孩子。而在爱、自由中长大的孩子，不用疗愈有创伤的童年，注定了幸福快乐会成为他人生的

底色。这样的孩子长大了，成为父母后将不必学习如何获得幸福、如何成为父母，他们知道怎样和自己的孩子相处。

我们试想，如果我们足够努力，有足够多的人一起走在这条路上，人们都是在充满爱、喜悦的环境中长大。到那个时候，就不需要去做家庭教育，所有人都有幸福的能力，那样的世界，该是多么让人向往呢！

萤火之光，亦能照亮他人

从 2023 年 5 月 13 日启动系统那一天开始，我们这五个女人便肩负起了使命。

除了周末，我们每天上午举办线上公益读书会，每天晚上进行幸福分享师公益直播。

我们每个人都怀着一腔热忱，在岗位上砥砺前行，不管直播间的观众是几个人，还是几十个人，每个幸福分享师都会做精心的准备。我们想，哪怕一个人在不经意间来到直播间，哪怕只听到了一句对他有帮助的话，这句话可能会像星星之火点亮他，继而点亮他的孩子、他的家庭，让幸福蔓延开来。

带着这份信念，我们做每一次直播时都带着一颗虔诚的心，对待这重要的一个半小时。这一个半小时的内容会变成一束光，不知道会照在谁的身上，给他带去希望。

我们不是在讲道理，而是在分享自己的故事：这么多年，我们是如何把学到的理念用于生活，让我们更幸福。我们想让更多人看到，无论你此刻在经历什么痛苦，只要你愿意相信自己可以变得幸福，我们都愿意陪着你一起走向幸福。

在这个信息爆炸的时代，与幸福相关的课程比比皆是，为什么还有那么多人依然无法过好这一生？我们五个一直走在这条路上的女人深刻地知道，这个世界上最远的距离，就是从知道到做到。

1. 理论知识没有用于生活：理论只是头脑层面的知识，没有用于生活，因而多么有效的理论也无法改变生活的一丝一毫。

2. 课程需要长期的潜移默化，才能对人有影响：无论多好的课程，也无法在短期内就让人发生翻天覆地的改变。想要发生改变，就需要长期、反复地学习。事实上，这样的改变通常需要大量的时间、金钱、精力。

3. 不知道如何学以致用：很多人不知道如何把知识用于生活，此时，不仅需要有认知的改变、真实的体验，还需要环境的影响以及生活中有人随时支持与陪伴。

在十几年的学习成长中，我一直在想怎么解决以上三个问题，不断地尝试，才创造了幸福分享师这套系统。

1. 在这里，有大量体验式的线上训练营、线下工作坊、公益读书会、直播分享等活动。

2. 在这里，可以通过长期稳定的学习、幸福分享师的陪伴，学员把学来的内容切实地用于生活、改变生活。

3. 学员也可以成为"幸福分享师"，以更有效的方式让自己快速进步，从一个学习者变成分享者，让每一天都在觉察中度过。看到自己在生活中的每个起心动念，看到自己和别人每一个行为背后的模式，看到自己的潜意识到底是如何掌控我们的命运，看到关系背后的真相到底是什么，看到如何主动改变潜意识，创造自己想要的生活。

4. 大量的线上训练。每个班的带领导师都愿意用自己全部的力量支持与陪伴另一个生命幸福成长，并且有些幸福教练会成为学员的私人顾问。在100天的觉察幸福训练营中，教会学员学会爱、懂得爱，在生活的点点滴滴中觉察，践行幸福的法则。

会员花很少的钱获得最有效的学习、引领、陪伴，成为我们最朴素的愿望。每个人来到这个世界上都有自己的使命，而我们五个女人，希望让更多女人和我们一样，幸福起来。

创造幸福

我想，如果你此刻或许也想拥有幸福，也在追寻幸福的路上，或者，也想和我一样，影响更多人一起走在通往幸福的路上，那么，你可以和我一起创造！

亲爱的，让我们一起出发、一起上路、一起幸福！

杨凌剑

国家二级心理咨询师
两个男孩的父亲
曾担任企业的CEO

从抑郁症患者到心理咨询师，我疗愈了自己，也帮助了更多孩子

我叫杨凌剑，是一名心理咨询师。

对于我心理咨询师这个身份，很多人刚知道的时候，会有两个疑问。一个是不熟悉我的朋友可能会问："心理咨询师似乎是女性比较多，你作为男性，是怎么走上心理咨询的道路的？"另一个是熟悉我的朋友可能会问："你原本的工作那么赚钱，为什么要放弃原来的工作？"

的确，过去的工作让我过上了衣食富足的生活，而放弃上一份工作，走上心理咨询的道路，这中间我经历了很多。最关键的原因是我在从事心理咨询的过程中，既帮助了许多孩子，也找到了真实的自我。

第一部分——灰色的日子

小时候，我的生活条件并不好。父母对我的教育一直都是"不要和别人攀比"。事实上，我从未和别人攀比。但是，任何好玩的东西、好看的衣服和鞋，这些东西别人有，而我没有，这也是事实。随着我的年龄渐长，家庭的经济状况并未得到丝毫的改善，反而每况愈下。

读高中的第二年，我们家成了低保户，不得不靠政府补助生活。那个时候，虽然社会各界因我爸爸妈妈的感人事迹，会不定期给予我家一些捐赠，我很感谢那些善良的人，但我明显地感觉到了差异。或许正是在那个时候，我埋下了自卑的种子，仿佛有些东西就该是别人的，我不配拥有。

等上了大学，我发现来自全国各地的同学家庭条件相差很大，加之对于未来的焦虑和对自己深深的不自信，于是，从小积累的自卑感被进一步放大，好像无论我走到哪里，都永远低人一等，永远不配拥有别人能轻松拥有的东西，永远都在社会的最底层。

尽管如此，我一直没有放弃让自己变得更好。大学时，我读的是工程造价专业。毕业之后，我先后通过了国家工程造价师、工程监理师、工程招标师、高级工程师考试，可以说，工程方面几乎所有的证件都被我拿了个遍。这些执业资格和证书已经足够我在工程领域的任何一家公司干到退休，既有专业背书，又有经验加持，可以说我的事业几乎没有任何阻碍。如果继续在工程领域干下去，我的生活应该会像一条笔直的道路，虽然不能直接看到最后，但也知道，沿着这条路走下去，肯定不会有问题。

后来，我遇到了我的妻子，我们合伙开了一家工程咨询公司。我们一起经营公司，生活一步步向前推进，一切看起来风平浪静。

直到我们第一个儿子的出生，打破了眼前的平静。那一年，为了更好地照顾孩子，我做起了"全职奶爸"，没有工作的我感觉和整个社会都脱节了，每天面对的是搞不定的孩子的哭闹、奶瓶和尿布。这样的日子让我觉得自己没有了价值、没有了自我。

逐渐地，我患上了抑郁症。

现在，"抑郁症"这个词在网上很流行，好像大家心情有点不好就觉得自己得了抑郁症，其实，从心理学专业的角度讲，抑郁症和抑郁情绪是有本质不同的。现在网上大多数人都只是有抑郁情绪，通过调节情绪就可以让整个人的状态有所改观，但当时的我是真的患上了抑郁症，已经到了需要用药物维持正常生活的地步。

所幸，我有一位支持、信任我的妻子。我们感情很好，性格相似，话不用说出口，对方就已经理解了，相互扶持，一路走到现在。

在我抑郁症最严重的时候，到了不能出门的程度，因为出门就会迷路。而正是在这种情况下，我的妻子从一个商业管理精英，变成了一个读遍心理学书籍、了解抑郁症和康复治疗的陪伴者。她的爱和陪伴点亮了我的生命，也点燃了我靠自己努力来改变抑郁病情的热情。这种理解和支持使我逐渐走出了严重的抑郁状态，但那种抑郁的感觉，这么多年始终在我脑海中挥之不去。令我没有想到的是，我从抑郁时期开始的对心理学的探索和研究，奠定了我之后走上心理咨询的道路。

2013年，二儿子出生了。两个儿子让我肩上的担子更重了。那段时间，我和妻子的公司业务非常繁忙，赶上帮忙照看孩子的老人年事已高，不宜再做照顾孩子这种消耗体力的事，于是，我们只能请月嫂和保姆轮流照看。可是合适的月嫂和保姆太难找了，在二儿子一岁前，我们连续换了7个月嫂和保姆，但没有找到特别合适的。到二儿子两岁左右的时候，我突然发现，二儿子在面对人的时候，经常会做出一些奇怪的举动——感觉特别木讷，不能像别的小孩一样有来有回地做游戏，也很少有表情。

等他这种现象越来越明显时，我开始有点崩溃了：辛苦地工作是为了什么呢？如果孩子不能健康快乐地成长，我赚再多钱又有什么意义呢？

从那时起，我开始接触心理学。

第二部分——初识心理学

正当我对二儿子的种种异常举动感到奇怪时，著名心理学专家吴月波老师在我家附近举办了一次亲子沙龙。在邻居的推荐下，我参加了这次活动。真正参与之后，才发现心理学对我有着极强的吸引力。而这次偶然，也成了我踏上心理学之路的必然。

接触心理学之后，我突然找到了生活的热情。即使我工作忙到没时间休息，也要挤出时间看心理学的书，找网上的课来听。我下决心深耕心理学，并且在一年时间里拿到了国家二级心理咨询师证。我坚定了信心，一定要跟吴老师学习，终于成为他的弟子之一。于是，我开始跟着这位被央视认可的大师，走上了我的心理学之路。

在学习心理学的过程中，我惊喜地发现：我不仅非常适合学习心理学，学得比别人快；同时，我还在学习的过程中疗愈了自己。大学时，我因为自卑心理导致的抑郁症，随着我在学习的过程中，不断剖析自己，被治愈了。可以说，我就是自己的第一个客户。

  2019年，经过5年的学习，我终于学有所成。但是从学习到实践，这中间并不是自然而然地发生转变，而是要经历一系列的磨炼。心理咨询的效果直接影响客户的生活质量，要对客户完全地负责。所以，当我从学习走向实践时，我的内心充满了纠结，真怕自己学识尚浅，耽误了他人。难道我的心理学之路就止于学习，永远无法实践了吗？

  这时，我的老师鼓励我："你踏踏实实地学习了这么久，你的努力我们都看在眼里。在平时，你已经通过解决一个个小问题，积攒了几年的经验。我相信，你已经完全具备了开始做心理咨询的能力和素养。你现在要做的，就是迈出第一步。"

  老师的话让我燃起了希望。当年我学习心理学，正是希望能通过心理学帮助更多像我一样饱受抑郁症折磨的人，如果我止步不前，岂不是只让自己享受到了心理学的好处，而对更多人关闭了这扇门？回想我从小到大的经历，虽然家境贫寒，但一路读书成长总有好心人帮助。虽然受到抑郁症的影响，但也在关键的时候得到了吴老师的指导。

  于是，2020年9月，在老师的鼓励下、在家人的支持下，我决心真正开始做心理咨询的事业。

  但是，新的问题马上摆在眼前：谁会来找我做心理咨询呢？

第三部分——面对新挑战

我的第一份咨询工作是在美团上接到的。

和现在的状况不同,那时候一切刚刚开始,我很难接到别人倾诉的需求。也是,谁会平白无故地相信一个"小白"呢?所以我刚把自己的联系方式发布到美团上的时候,内心其实是不抱希望的。我想:半年,只要在半年时间内,能有一个客户,我就继续做。

没想到,还不到一个月,我就迎来了第一个客户。

第一个客户的诉求是关于婚姻的咨询。在我入行的前半年左右,接到的几乎都是婚姻方面的咨询。这说明现在年轻人对婚姻的态度真的比以前开放很多,更愿意在婚姻中倾听自己内心真实的声音。

不过,随着客户越来越多,我发现了一个问题,就是我在面对青少年的时候,更能够找到我最初做心理咨询时的那种热情和动力,也更能感受到自己的初心。

还记得我的第一个青少年客户是一个高中生。刚上学时,他和其他学生一样,上学的时候按部就班,下课做完作业之后,打会儿游戏放松一下,父母也没怎么管他。突然有一次,他考试成绩严重下滑。一般来说,考试成绩波动很正常,原因也是多方面的，但他的父母对他进行了严厉的批评，还觉得这种下滑是不能容忍的。他本身考差了，心情不好，父母的批评更是雪上加霜。他的情绪没有出口，在现实中受挫的他，只能把目光转向游戏。从那天起，他每天花在学习上的时间越来越少，花在游戏上的时间越来越多，最严重的时候，甚至不吃不睡地打游戏。

当问题严重到这个程度的时候，才引起了父母的警觉。于是他父母找到了我，让我给孩子做一次心理咨询。和孩子聊第一次的时候，我就感觉这孩子还有救。果然，经过这次咨询，孩子主动问道："我下次还可以来吗？"我说："当然可以，只要你需要，就可以让你妈妈和我预约时间。"没多久，父母又一次带着孩子来找我。第二次咨询结束后，孩子的问题其实已经基本解决了，但客户还是想进一步变好，那么就涉及问题的根本——家长。

随着我专攻青少年心理咨询，这方面的客户和案例也越来越多，我发现，家长在青少年的成长中起着非常重要的作用。网上很火的"原生家庭所带来的痛苦"是各大网络平台的热点话题，说明大家也逐渐发现家长对孩子的深刻影响。这些影响有些是在成年之后显现出来的，有些则在青少年期间就显现出来了。为解决这些问题，我们通常采用亲子咨询的形式。在上述案例中，当我们想要解决更为根本的家长的问题时，就开始做第三次咨询，正是采用了这种形式。通过前后将近一个月、总共三次的咨询，母子两人终于和解了。

还有一个案例，那个孩子本身成绩不错，属于中等偏上，她对自己的要求比较高，把目标定在了年级前十名，结果老师说这是天方夜谭，让她趁早打消这个想法，还说了一些贬低孩子的话。老师的这些话对孩子产生了很大的打击，孩子的自信心受挫，学习成绩一落千丈。这又带来了恶性循环，并且直接导致父母对孩子成绩的不满。同时，父母并没有完全了解孩子成绩下滑的原因，就站在老师的一边，继续指责孩子。在多重压力下，孩子的内心出现了裂痕。一个原本成绩中上等的孩子，变成了老师和家长眼中的差生。

孩子的父母找到我之后，先后做了五次咨询。对这个孩子的辅导，我运用了多种常用的咨询方法，包括卡牌、绘画分析、催眠、沙盘……家长觉得很奇怪，一个原本成绩不错的孩子，为什么现在会出现这么多问题？如果不重视，孩子沉浸在自己的情绪里，沉浸在不健康的家庭环境中，真的很容易走上更极端的道路。一对一的辅导终于有了效果，我拯救了这个孩子。

随着我接触的青少年案例越来越多，我逐渐有意识地将自己的心理咨询方向往青少年心理辅导方向靠。同时，最令我开心的是，我的孩子状态越来越好了！因为我有着丰富的和孩子们相处的经验，所以我在和自己的孩子相处时，更能清楚地了解这个年龄段孩子的需求。

到今天，通过各种渠道找到我做心理咨询的已经有上千人，数百个家庭的问题在我的帮助下得以解决。我真心为这份事业所带来的成绩感到骄傲，与此同时，我有了一个大胆的想法。

第四部分——遇见新成长

随着我的客户越来越多，身边有很多人劝我涨价。我做心理咨询之前，放弃了百万年薪的工作，更多是遵从自己内心的选择来做这份事业。但除了心理咨询师，在家里，我还是妻子的丈夫、两个孩子的父亲，我也要承担起家庭的责任。

我看到心理咨询业界的定价乱象，一些只在网上学了几个月的人开出千元天价，扰乱了行业市场秩序，让人感觉心理咨询遥不可及。如果我也跟风定价，把价格抬高，那毫无疑问，我的收入会增加。

但是，当我想到自己从事心理咨询的初衷。在做心理咨询的过程中，我收获了帮助他人的快乐，也让自己的生活充满了幸福。于是，我没有把价格定得很高，并注册了"友杰社会工作服务中心"，提供非营利性质的咨询服务。

熟悉社会工作的人可能知道，社会工作服务中心有一定的公益属性。我们会定期组织讲师团去学校，免费为备战中考、高考的学生举办减压赋能和考试心态指导的讲座，减轻和缓解学生的心理压力和焦虑情绪，引导孩子们以健康的心理、平稳的心态、积极的情绪面对考试。这些活动还被《中国日报》报道。

在整理我的故事的过程中,我在想:从抑郁症患者到现在的心理咨询师,这一路的成长,我究竟是怎么做到的?那几个关键的转折点,抓住了就是抓住了,顺势而为,命运就把我带到了这里。从做工程时的缜密思辨的逻辑脑,到现在同理共情的感性脑;从学习期间的求知若渴,到实践后的积水成海;从有第一个客户时的喜出望外,到后来越来越熟练和被人信任……

这一路,我把我的故事分享给大家,希望更多人能走近心理学,用心理学照亮自己,点亮生活。因为心理学真的是一片广阔的知识天地,能帮助我们更好地了解自己,看到自己的真实内在。最后衷心希望每个人都能用心理学的知识疗愈自我,愿每个孩子都能在心理学的帮助下健康、快乐地成长!